Kid's bag

超可爱的萌系钩针包

日本E&G创意／著
王静爽／译

中国纺织出版社有限公司

目录 Contents

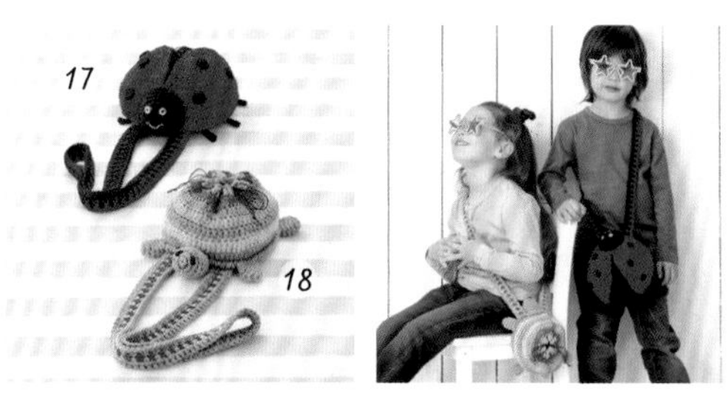
17
18

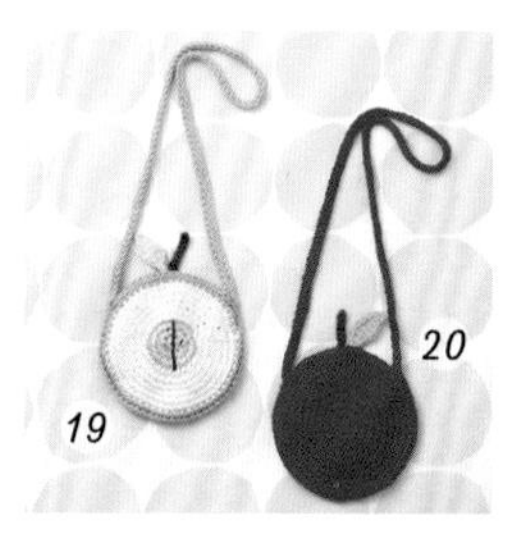
20
19

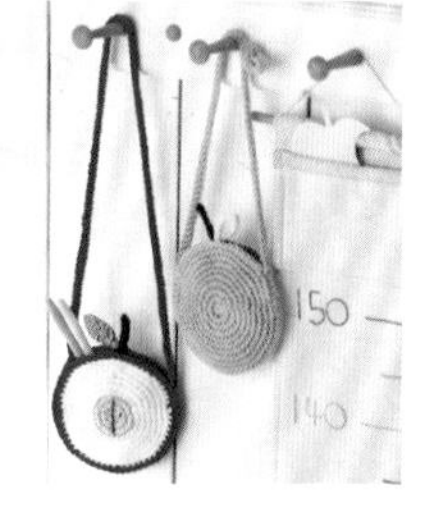

21
22

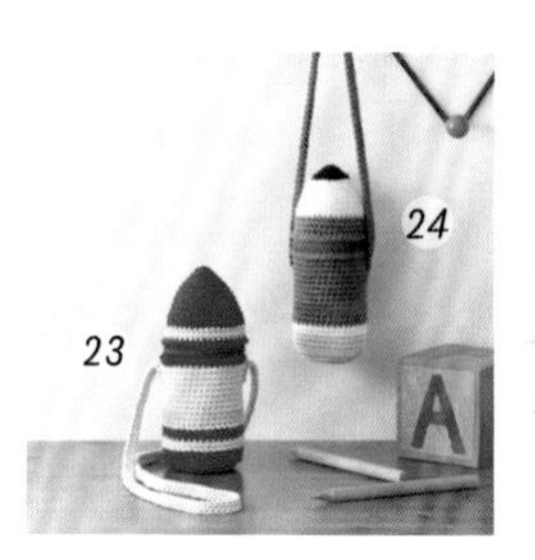
24
23

25
26

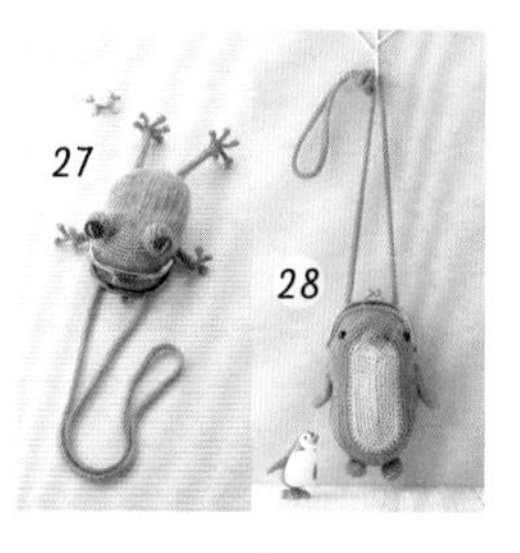
27
28

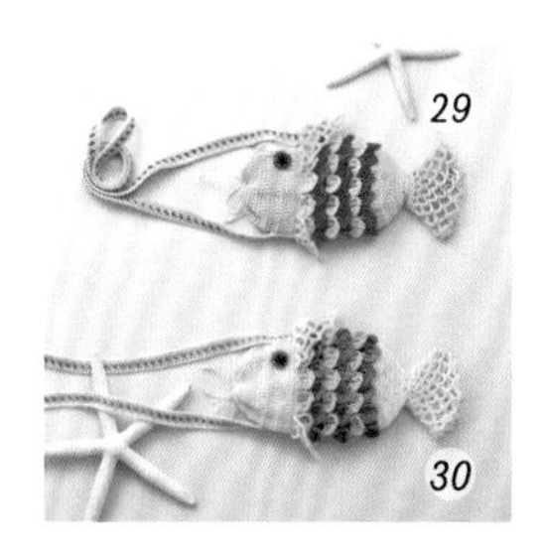
29
30

32
31

草莓 & 栗子包包

钩织步骤：*p.41* 重点课程：*p.36* 设计 & 制作：冈真理子

蓬松饱满的草莓和栗子包包，
心情特别好的时候可以背草莓包包，如果想稍微来点“淑女风”，就背栗子包包。
可以让小朋友根据当天的心情选择想背的包包哟！

strawberry & acorn

要不要给要好的小姐妹一人钩一个呢？

蘑菇包包

钩织步骤：*p.43*　重点课程：*p.36*　设计 & 制作：今村曜子

大红色的蘑菇包包和渐变色的蘑菇包包，
小朋友更喜欢哪一个呢？

mushroom

挎上蘑菇小包包，化身森林小乐手。

向日葵 & 非洲菊包包

钩织步骤：*p.46* 设计 & 制作：冈真理子

可爱的向日葵和非洲菊小包包，
立体的花瓣非常逼真。
也可以将花瓣部分替换为自己喜欢的颜色。

sunflower & gerbera

花朵造型的包包还是一件很好的饰品，夏日外出时，挎着它会让人觉得超级可爱。

小汽车包包

钩织步骤：*p.48* 设计＆制作：芹泽圭子

小汽车包包，当然是男孩子更喜欢啦！
这款包包带有拉链，即使是给最活泼好动的小朋友使用，
包包里的东西也绝不会掉出来。

automobile

背着最棒的小汽车包包，开车去！

葡萄 & 菠萝包包

钩织步骤：p.50　设计 & 制作：今村曜子

这款包包的束带设计，很适合妈妈们使用。
别看配色复杂，其实只要在钩织时交替使用
不同颜色的线就能轻松完成。
简单易学，非常适合初学者哦。

grape & pineapple

咦？这个东西全身都是刺，跟我长得真像呀！
被菠萝香味吸引过来的小刺猬，陷入了沉思……

彩条蛋糕包包

钩织步骤：*p.71 设计 & 制作：藤田智子

橘色条纹和粉色条纹搭配，使蛋糕色彩鲜明，可爱而美味。
包包的开合，通过草莓、橘子和奶盖的滑动来实现。
当我们把包包关闭的时候，彩条蛋糕就合体啦！
要不要来试试这种有趣的体验呢？

shimashima cupcake

少女风满满的小包，是全身穿搭的焦点，
让你成为大家注目的对象。

番茄 & 南瓜包包

钩织步骤：*p.52* 重点课程：*p.36* 设计 & 制作：冈真理子

番茄和南瓜包包造型小巧可爱，
配色让人联想到它们蕴含的丰富维生素。
小提篮形状的包体设计，
用来装桌上零零散散的小物再合适不过了。

南瓜包包在万圣节会很受欢迎的。
如果不给小朋友的包包里装上满满的糖果，
小朋友就会来捣蛋哟！

西瓜 & 柠檬包包

钩织步骤：*p.*54　重点课程：*p.*37　设计：河合真弓　制作：关谷幸子

给人清新之感的西瓜和柠檬包包，
因为是装有拉链的横款设计，也很适合当作钱包使用。
柠檬包包的拉链设计，还很特别地采用了叶子图案。

西瓜包包的配色鲜艳、饱满，很适合古灵精怪的小女孩。

瓢虫 & 乌龟包包

钩织步骤：*p.56*　重点课程：*p.38*　设计 & 制作：藤田智子

"太厉害了吧！"
如果小朋友们看到瓢虫和乌龟包包，
一定会惊叹于它们超仿真的设计。
这两款包都采用了束带开合设计，
打开瓢虫和乌龟背上的壳就可以拿取物品啦！

背上个性十足的小包包，吸引大家的注意吧！

苹果包包

钩织步骤：*p.59* 设计：河合真弓 制作：关谷幸子

圆乎乎的青苹果和红苹果可爱极了。
将苹果切开变身为包包怎么样？
在这个迷你小包包里装入更多童心童趣吧！

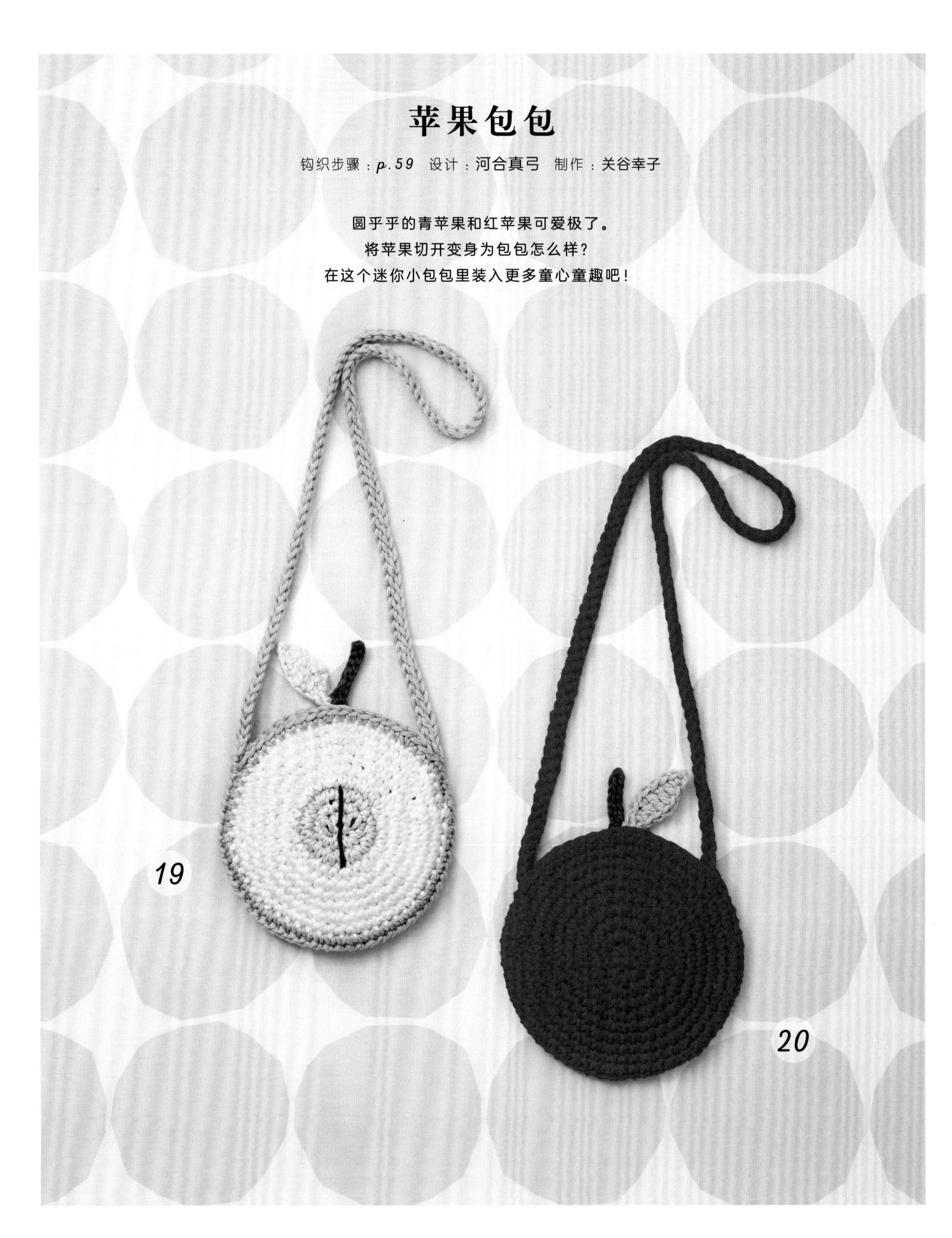

green & red apple

将这款北欧风主题的小包跟室内软装搭配，也会相当出彩。

小花包包

钩织步骤：*p.60* 设计 & 制作：松本薰

这款小花包包，
非常适合可爱的小女孩背，
也很适合作为礼物送人。

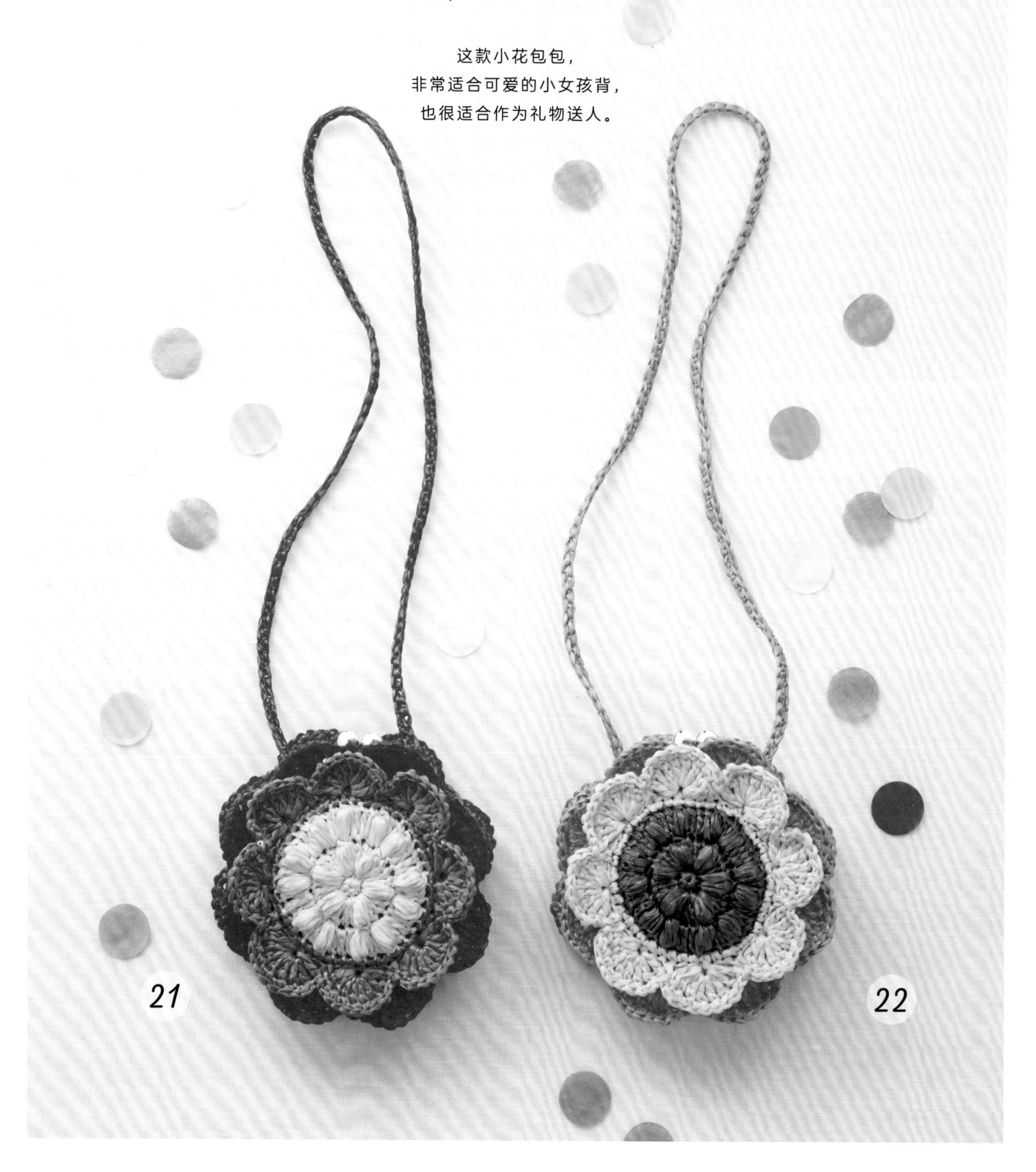

可爱的小花包包，让小狗也看得目不转睛。

蜡笔 & 铅笔包包

钩织步骤：*p.62　设计 & 制作：芹泽圭子

可爱的蜡笔和铅笔包包，采用竖条状设计。
为了更接近蜡笔和铅笔实物，
在钩织包包过程中更换了多种配色，让成品更加逼真。

crayon & pencil

在包包里装上画画的工具，出门写生去！

刺猬包包

钩织步骤：*p.73*　设计 & 制作：松本薰

看到刺猬小包包，就想带着它出门。
圆乎乎的身体上竖着一根根尖刺，
小眼睛和小短手可爱又乖巧。

如果在小刺猬包包上装饰花朵和瓢虫，会更加可爱。也可以试试装饰其他图案哦。

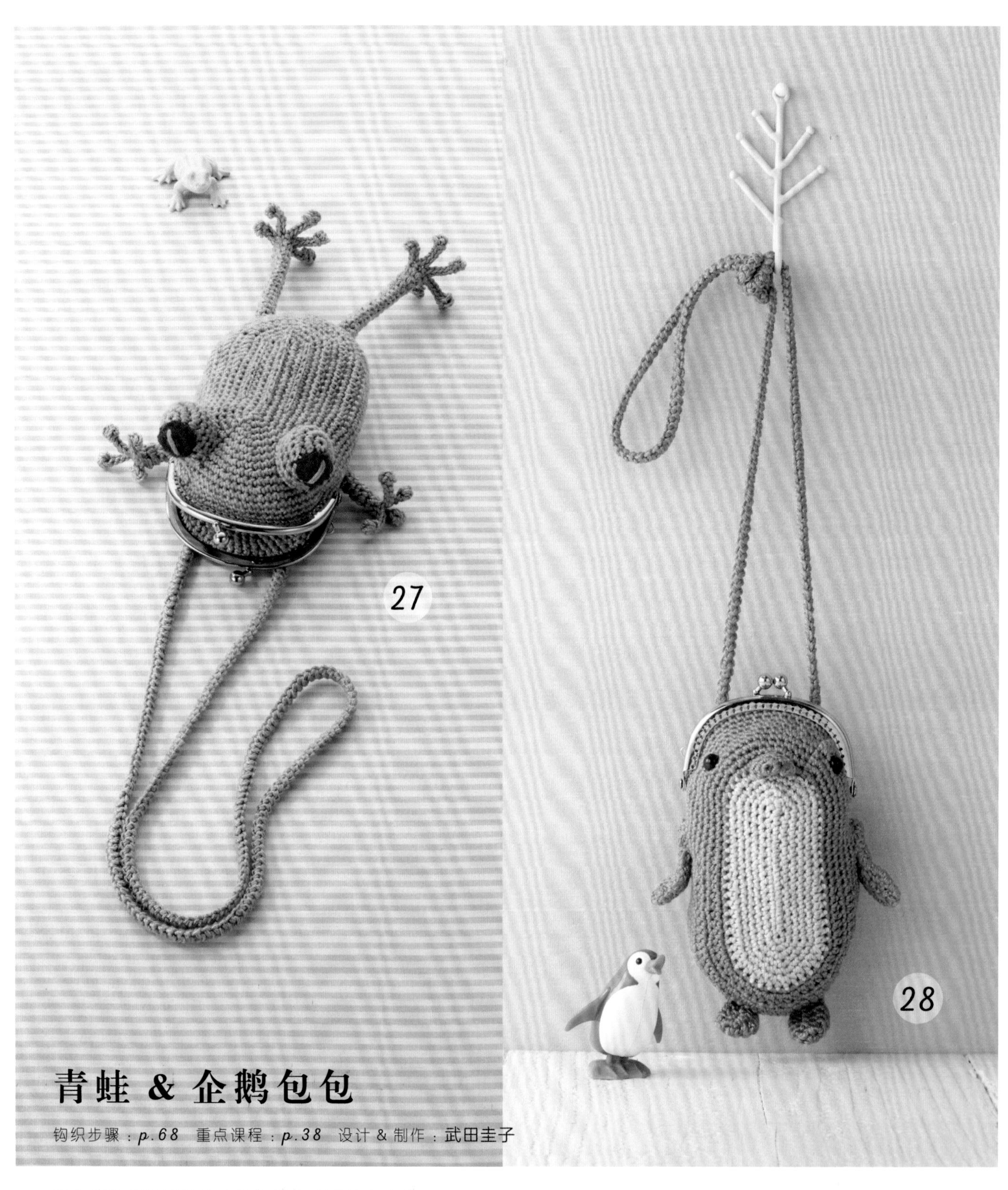

青蛙 & 企鹅包包

钩织步骤：*p.68*　重点课程：*p.38*　设计 & 制作：武田圭子

瞪大眼睛东张西望的小青蛙和嘟嘟嘴的小企鹅，
两个包包都是表情灵动可爱的小动物形象。

今天要带上青蛙小伙伴去冒险，出发！

小鱼包包

钩织步骤：*p.64* 重点课程：*p.39* 设计＆制作：藤田智子

小鱼包包的造型仿佛正悠闲自在地在海里游来游去。
因为这个包包男孩女孩背着都很适合，
因此推荐给兄妹一人钩一个哦。

29

30

今天跟小鱼一起去哪里玩呢？

杯子蛋糕包包

钩织步骤：*p.66* 设计&制作：藤田智子

“好想吃哦！”逼真的杯子蛋糕包包，让人忍不住想咬上一口，
可爱的造型也让它成为百搭的配饰。
包包的开合方式也很有趣，摘掉蛋糕顶部的草莓和樱桃，
就可以打开小包包啦。

背上可爱的包包，心情也豁然开朗起来啦！

重点课程

2 照片图示 & 制作过程 ... p.4 & p.41

栗子(小球部分)的整理方法

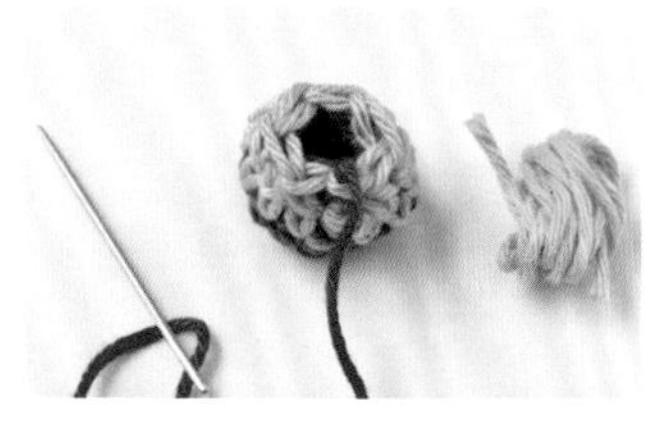

1 栗子小球收尾时，要将线尾留长一些再剪断，剪断后将线尾穿过缝针。另外还需准备少量余线备用。※ 为了更清晰直观，照片图示中，线尾换用了红色织线。

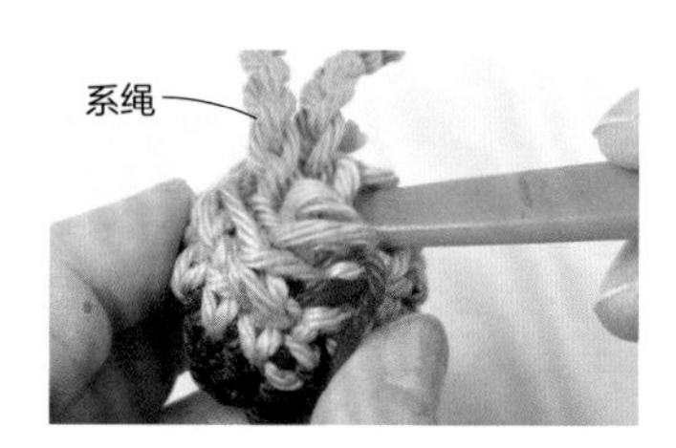

2 将备好的少量余线塞进小球中。并将系绳与球体连接的两端分别塞两针到小球中。

3 按图中箭头所示，在最后一行的针目上穿线，将线尾穿过小球。

4 拉线尾收紧。

5 用线尾将系绳缝合固定。

6 固定好小球系绳后，栗子部分收尾成功。

3 · 4 照片图示 & 制作过程 ... p.6 & p.43

包身的钩织方法

1 包身底座钩 33 行。只有第 21 行用短针的条纹针钩织，图示为钩完包身底座的状态。

2 继续钩织包身伞面的部分。在包身底座的第 20 行处的内侧半针(1 股)上钩包身伞面第 1 行。图示为已钩织数针的状态。

3 从包身伞面的第 4 行开始，换用其他颜色的编织线。图示为已钩织数针的状态。

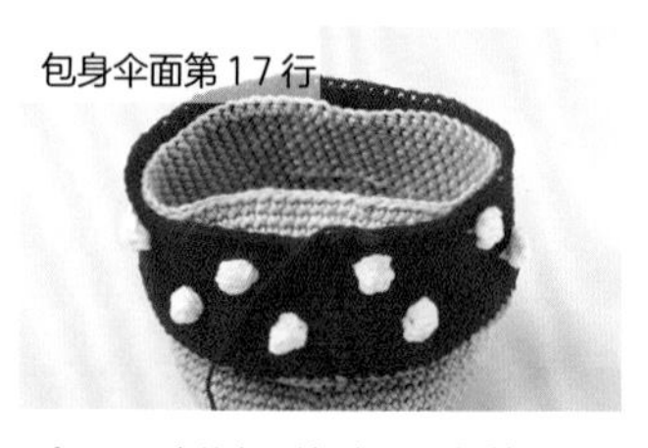

4 一直钩织到包身伞面的第 17 行。第 17 行钩织好后，将装饰小球固定到包身伞面的指定位置。

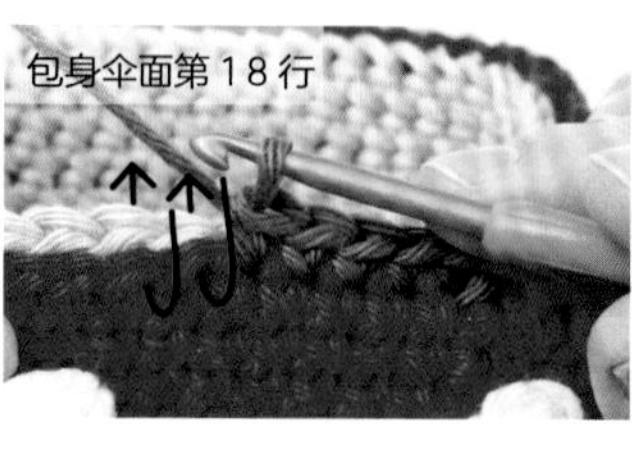

5 包身伞面的第 18 行是按图示箭头标注的方向，将包身伞面的第 17 行和底座的第 33 行两片一起钩织。

6 图示为包身伞面的第 18 行钩织完成的状态，此时已将包身伞面和底座固定到了一起。接下来，继续钩到第 25 行。

13 · 14 照片图示 & 制作过程 ... p.16 & p.52

底部第 8 行的钩织方法

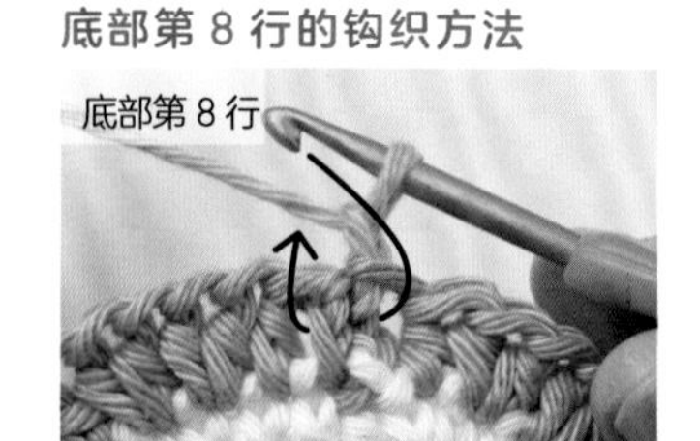

1 开始钩底部第 8 行。先钩 1 针锁针的起立针，再按上图箭头所示方向，围绕第 7 行的起立针和第 1 个短针针脚钩外钩短针。

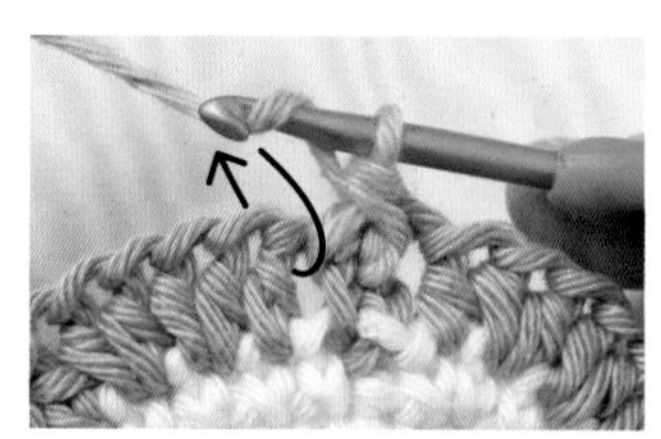

2 先把第 1 个外钩短针钩好，再按上图箭头所示钩中长针，在第 7 行的短针和中长针间的空隙中钩。

3 中长针钩好。再继续钩 5 针中长针。

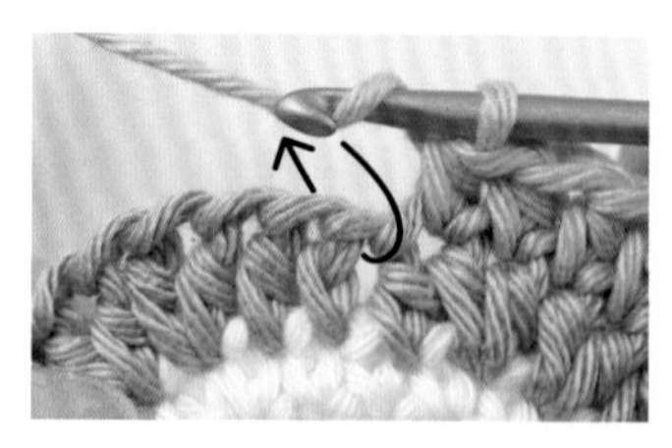

4 如图所示，第 8 针中长针是在第 7 行中长针和短针间的空隙中钩。

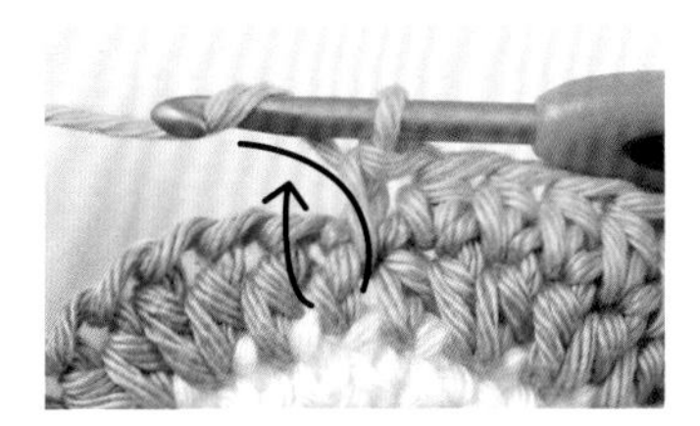

5 钩好第 8 针中长针。然后如图所示，围绕第 7 行短针针脚钩外钩短针。

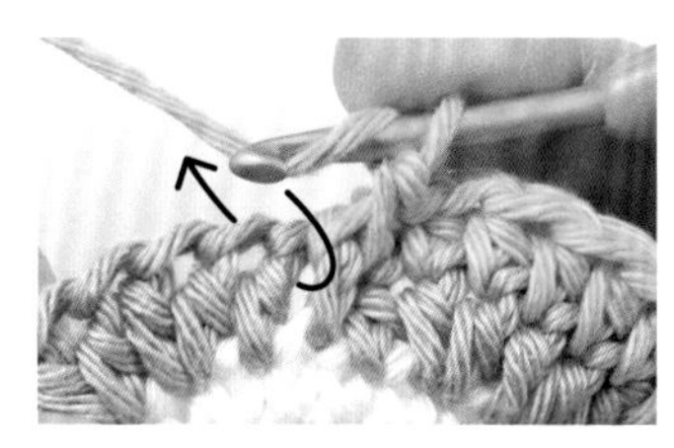

6 外钩短针钩好之后，如图所示，在第 7 行短针和中长针的空隙中钩中长针。

7 中长针钩好。再如图所示，做一个外钩短针两侧的中长针，在上一行针目和针目的空隙中钩。

8 第 8 行钩完。

16

照片图示 & 制作过程 ... p.18 & p.54

配色线替换方法（渡线的钩织切换方法）

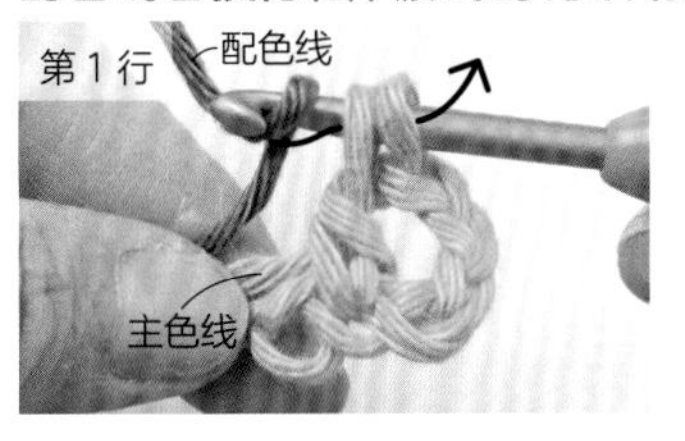

1 钩织侧面的第1行。在主色线（黄色）钩3针锁针起针后，第2针钩未完成的长针（请参考p.77），把配色线（绿色）挂到钩针上，按上图所示箭头引拔钩织。

2 将钩织线替换成配色线。

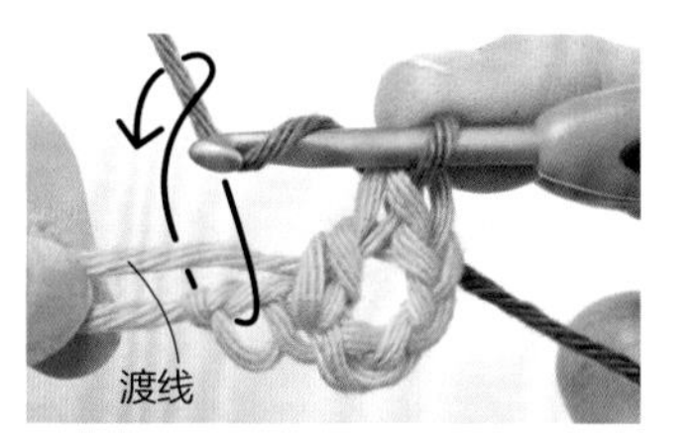

3 接下来，将下一针不再使用的线（渡线）按图示箭头用配色线包住钩 4 针。

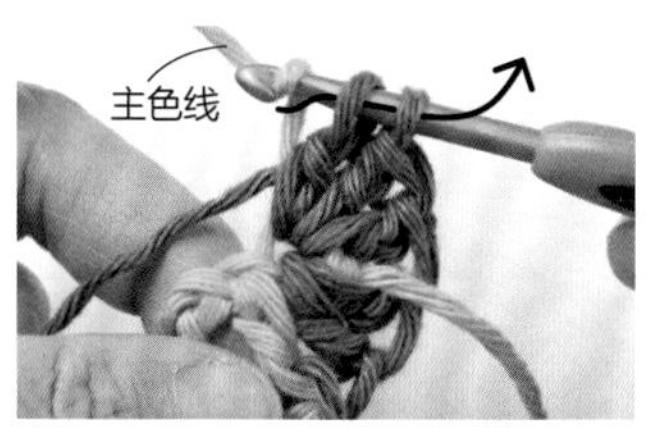

4 第 7 针，用配色线钩未完成的长针，把主色线挂到钩针上引拔。

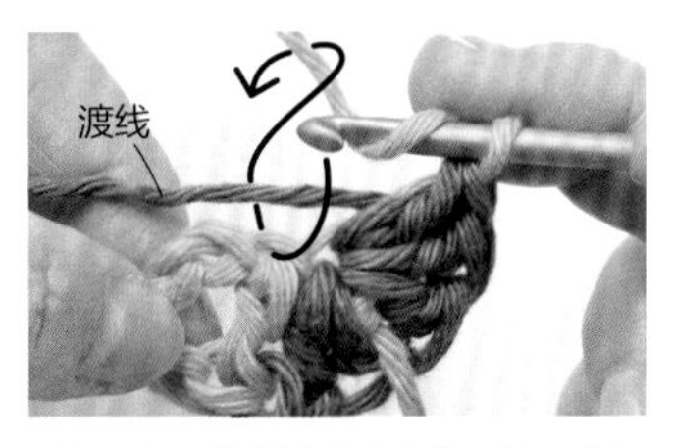

5 钩织线替换成主色线。接下来包住渡线用主色线钩 2 针长针。

6 钩好第 1 行的状态。如上图所示，一边包住配色线钩织一边在换色前 1 针更换颜色钩织。

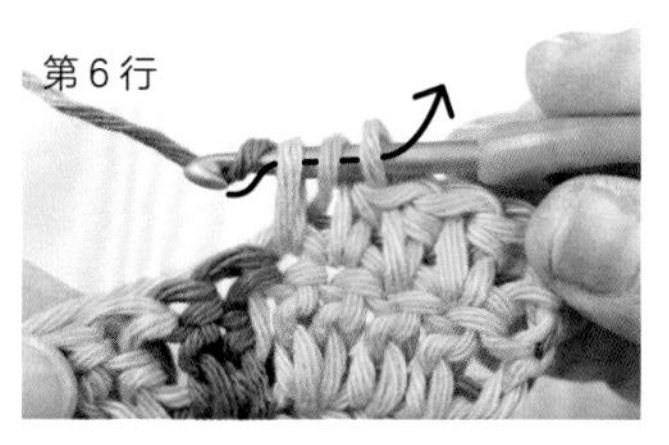

7 第6行原理也相同，在换色前1针钩织未完成的中长针（请参考p.77）后换色钩织。上图是在第5针时替换成配色线。

8 替换钩织线颜色，钩完第 5 针。

9 钩完第 6 行。

15 · 16

照片图示 & 制作过程 ... p.18 & p.54

拉链缝合方法

1 在准备安装拉链的位置，用记号针固定好（为了将制作过程直观展示，此处选用了白色拉链）。

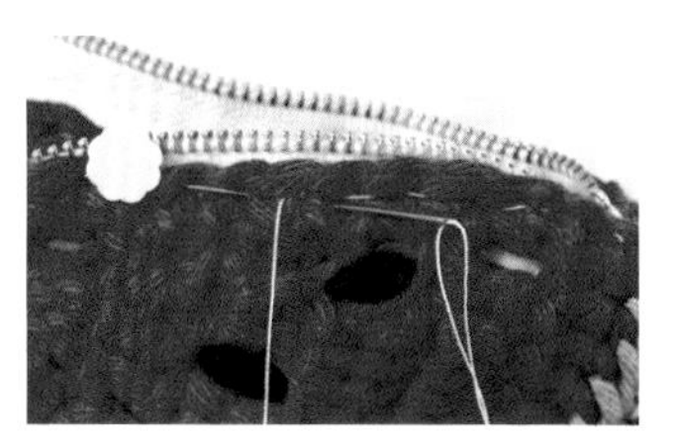

2 穿好缝线，用半回针法将拉链与织片最后一行的短针下缘缝合。

3 两侧缝好后，拉链就安装好了。

18 照片图示 & 制作过程 ... p.20 & p.56

扭短针的钩法

1 在底部第4行内侧剩余的半针（1根线）中入针，针上挂线后将线引拔并拉长，针尖按上图箭头所示方向转动。

2 针上挂线，如上图箭头所示一次引拔。※ 因图1已旋转钩织线，因此●部分被扭转。

3 用扭短针继续钩织。

4 钩针插入下一针，重复步骤1、2钩织。

27 · 28 照片图示 & 制作过程 ... p.30 & p.68

虾编针法

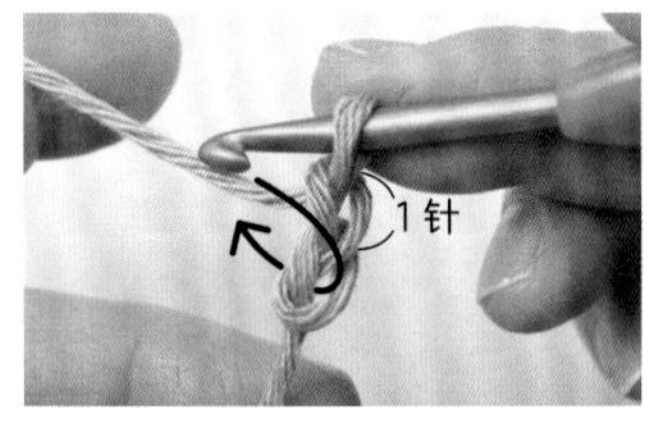

1 钩第1针时，先将线打一个活结(参考 p.76※ 拉出线头时要松散)，钩针伸进活结里按箭头方向拉出。

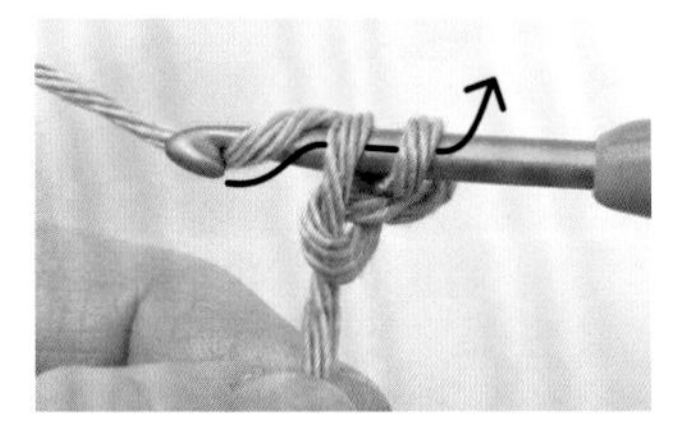

2 拉出线后，针挂线按箭头所示方向引拔。

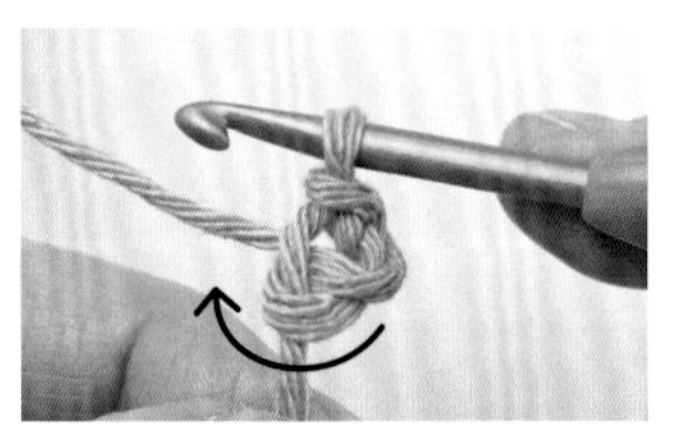

3 把织片按箭头所示方向翻转。

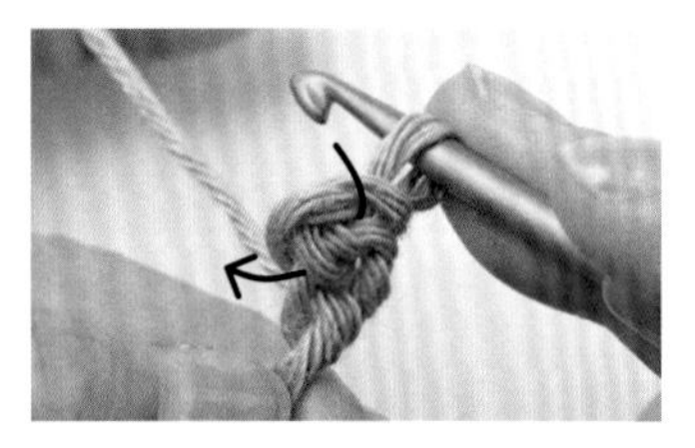

4 将两股线打斜并排穿针。

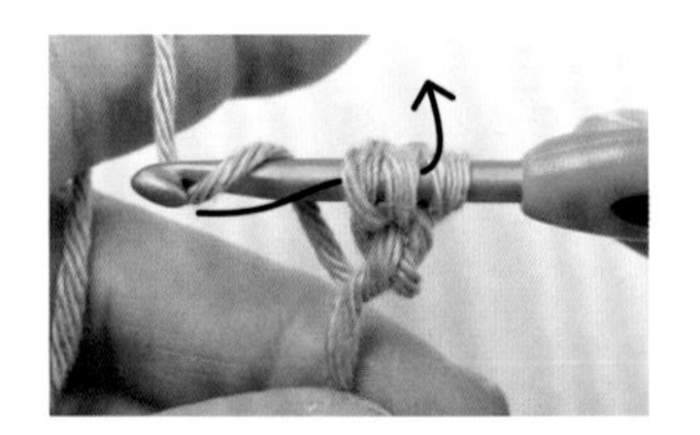

5 针挂线按箭头所示方向引拔。

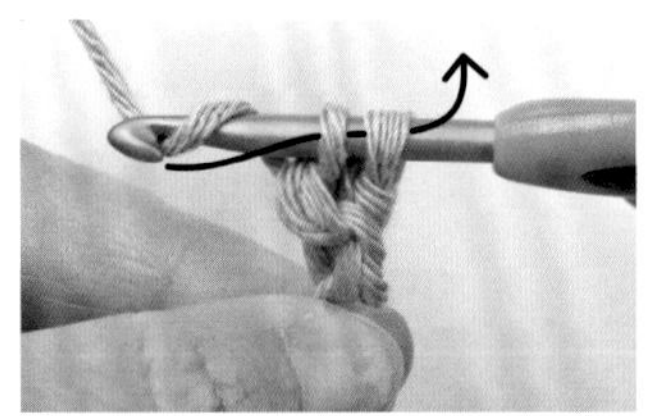

6 再次将针挂线按箭头所示方向引拔。

7 引拔完成。重复第3~6步，钩织到所需长度。

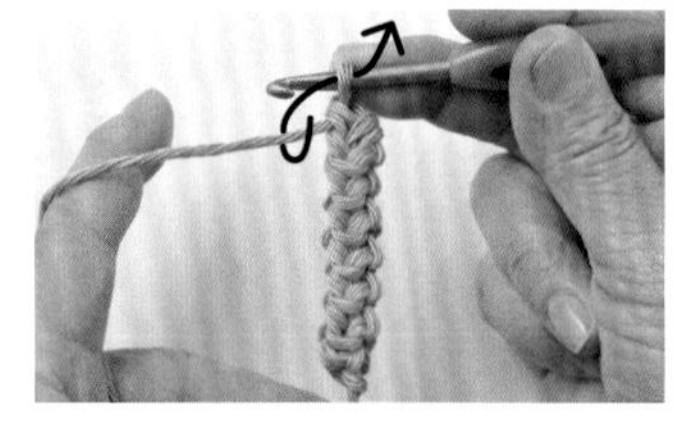

8 钩织到所需长度后，最后将针挂线引拔并收紧。

口金配件缝合方法

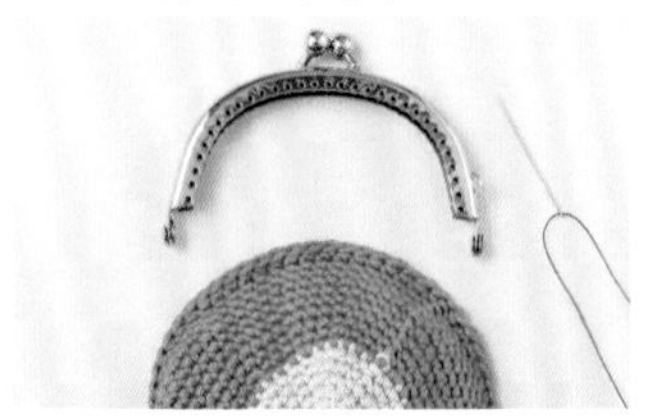

1 准备好与配件吻合的织片、带孔口金配件、缝纫针、缝纫线等。

2 将缝纫针从织片与口金连接处内侧进针，再从口金配件孔眼拉出。

3 为了让织片与配件连接得更为牢固，最边上的孔眼需要缝两次。

4 从织片进针，再从配件第2个孔眼出针。

5 从配件第 1 个孔眼进针。

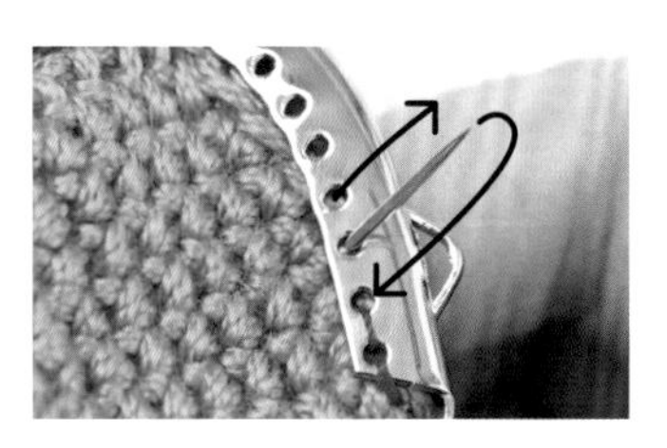

6 穿过织片，从配件第 3 个孔眼出针。按上图所示要领，重复缝合过程。

7 缝合时，1 个配件孔眼对应织片的 1 个针目。此外，针脚长度也请尽量保持一致。

8 口金配件缝合完成。

29 · 30 照片图示 & 制作过程 … p.32 & p.64

鱼鳞的钩织方法

1 钩好鱼鳞第 1 行后，开始钩第 2 行。

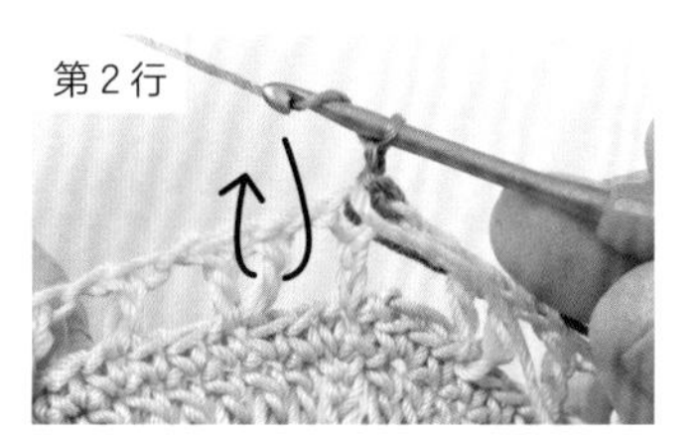

2 按“1 针锁针、1 针引拔针、1 针锁针”的顺序钩，然后把钩针伸进下一组 2 针长针的右侧柱子上，钩 5 针长针。

3 钩好 5 针长针。

4 接着钩 1 针锁针，如图所示把钩针伸进 2 针长针的左侧柱子上，钩 5 针长针。

5 钩好 5 针长针。

6 这样就钩好了 1 片鱼鳞边。把鱼鳞和织片连接处正反都钩好，按同样的方式钩第 2 行。

7 钩完第 2 行。

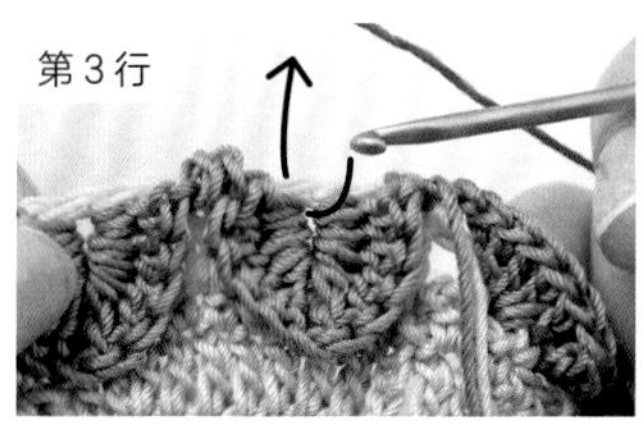

8 开始钩第 3 行。在第 1 行 2 长针间的缝隙处，进针挂线钩 3 针锁针的起立针。

9 钩好 3 针锁针的起立针。

10 然后钩 1 针锁针，在上一行的引拔针上钩 2 针长针、1 针锁针。在第 1 行 2 长针的缝隙处进针挂线钩 1 针长针。

11 钩好 1 针长针。

12 钩好第 3 行。

本书中使用的钩织线

※ 图示照片为实物大小

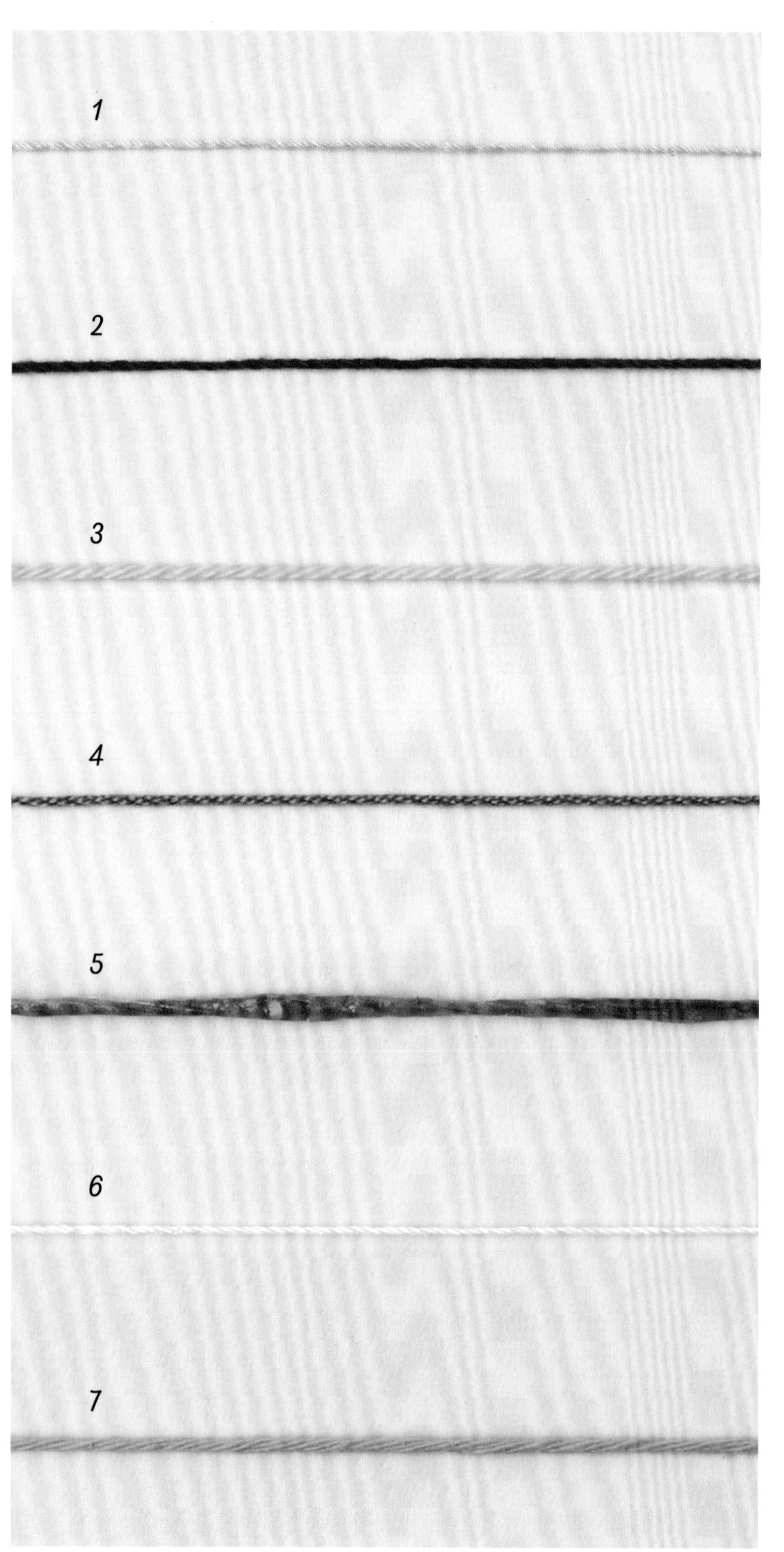

【 奥林巴斯制线株式会社 】

1 **Emmy Grande (House)**

100% 棉　25g/ 团　约 74m　22 色
钩针 3/0~4/0 号

【 和麻纳卡株式会社 】

2 **Cotton Nottoc**

100% 棉　25g/ 团　约 90m　20 色
钩针 4/0 号

3 **Ami Ami Cotton**

100% 棉　25g/ 团　约 32m　19 色
钩针 6/0 号

4 **Wash Cotton**

64% 棉 36% 腈纶　40g/ 团　约 102m
30 色　钩针 4/0 号

5 **Eco-Andaria**

100% 黏胶纤维　40g/ 团　约 80m　57 色
钩针 5/0~7/0 号

【 横田株式会社・DARUMA 】

6 **Cotton Crochet Large**

100% 棉　50g/ 团　167m　16 色
钩针 3/0~4/0 号

7 **梦色木棉**

100% 棉　25g/ 团　26m　23 色
钩针 7/0~9/0 号

* *1* ~ *7* 从左至右依次为材质→规格→线长→颜色数量以及适合针号。
* 颜色数量为 2019 年 10 月的情况。
* 因印刷原因，可能存在色差。
* 如果您对钩织线有其他疑问，请查看 p.80 的信息。

钩织步骤

草莓&栗子包包 照片图示&重点课程… p.4 & ② p.36

★需准备材料

① 奥林巴斯 Emmy Grande (House) / 红色（H17）…57g、绿色（H12）…21g、奶油色（H2）…2g、浅黄色（H21）…1g

② 奥林巴斯 Emmy Grande (House) / 浅褐色（H18）…41g，浅米色（H4）、深米色（H22）…各 15g

★针　钩针 7/0 号

★密度（10×10 平方厘米）短针（2 股线）18 针 ×20 行 中长针（2 股线）18 针 ×13 行

★完成后尺寸 ① 周长 30cm × 高 22cm（主体部分）

② 周长 30cm× 高 18cm（主体部分）

★钩织方法

（除指定部分外，① 和 ② 的钩织方法通用）

★全部取 2 股线钩织。

1 钩针环形起针，短针钩 20 行。接下来用中长针钩 7 行，在第 8 行开始减针。钩 2 行缘编织。（请注意 ② 缘编织 A 第 2 行的▮的部分不钩）。在 ① 的基础上接着钩 2 行缘编织 B。

2 系绳部分用锁针钩 65 针。

3 肩带部分用锁针钩 136 针，短针钩 1 行。

4 系绳有 2 股，每股分别穿过包身❶和❷的位置。

5 ① 的花朵请参考下图所示方法，钩织并收尾。

② 的栗子请参考下图所示方法，钩织并收尾（参考 p.36）。

6 整理方法请参考下图所示，将肩带两端固定到缘编织 A 第 1 行的指定位置（内侧）。

① 花 2朵

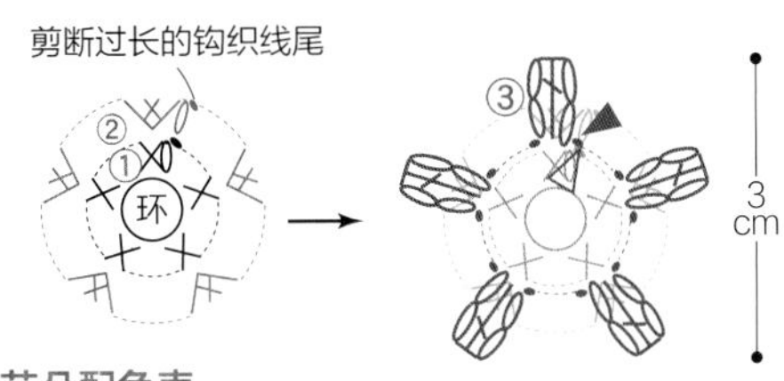

花朵配色表

——（第3行）	奶油色（2股）
——（第2行）	绿色（2股）
——（第1行）	浅黄色（2股）

※第2行…在第1行短针的外侧半针（1股线）上钩织

※第3行…在第1行短针的内侧半针（1股线）上钩织

※钩完后将线尾穿过第2行，花朵分别固定在系绳的两端，剪掉线头收尾【跟p.36栗子（小球）的整理方法相同】

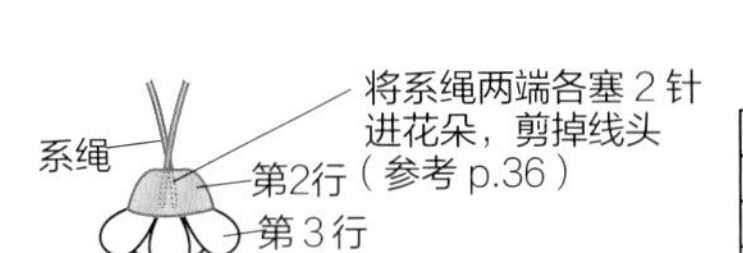

花朵针数表

行数	针数	加针
3	5组花样	
2	10	+5
1	5	

② 栗子 2颗

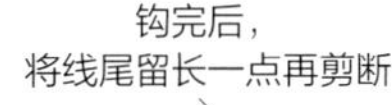

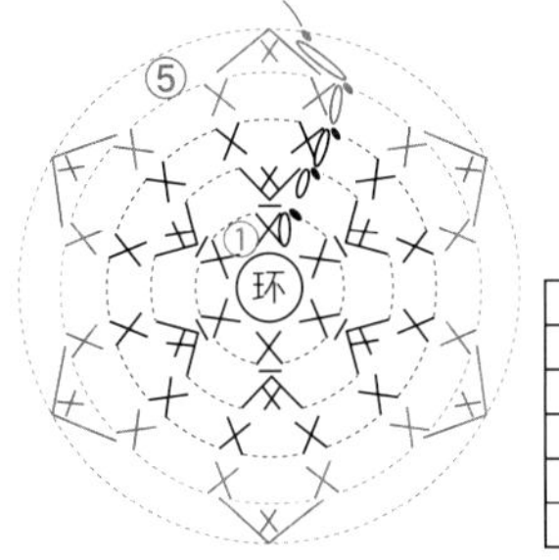

栗子针数表

行数	针数	加减针
5	6	－6
4	12	
3	12	
2	12	+6
1	6	

※第2行…在第1行短针的外侧半针（1股线）上钩织

栗子配色表

——（第4、5行）	深米色（2股）
——（第1~3行）	浅褐色（2股）

栗子的整理方法

余线

2.5 cm

系绳

系绳两端各收2针进编织小球球体中

①钩完后，收紧小球球体余线，将主体与系绳位置的连接处将系绳两端分别塞2针到小球球体中（参考p.36）

②将线尾穿过第5行，收线剪断（参考p.36）

① …绿色（2股）

② …浅米色（2股）

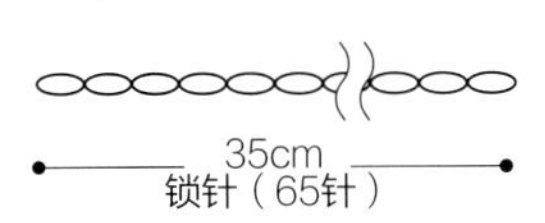

①·② 肩带 各1根

① …红色（2股）

② …浅褐色（2股）

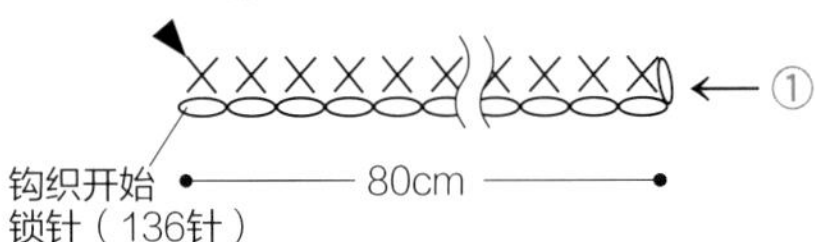

① 包身

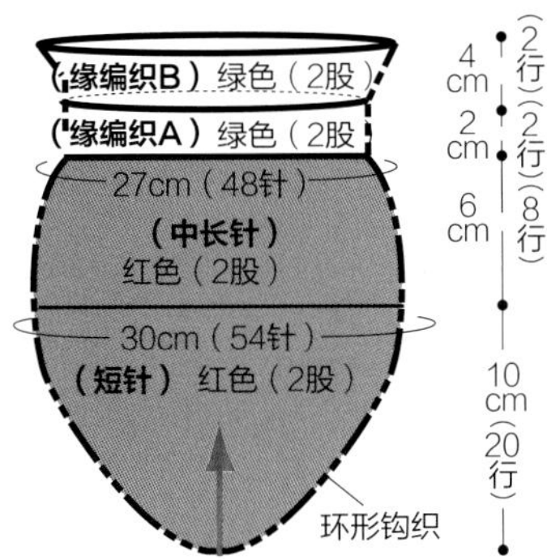

② 包身

深米色 · 浅米色

（各取1股合为2股）

（缘编织A）

27cm（48针）

（中长针）

深米色 · 浅米色

（2股）

30cm（54针）

（短针）浅褐色（2股）

环形钩织

2 cm （2行）

6 cm （8行）

10 cm （20行）

① 整理方法　② 整理方法

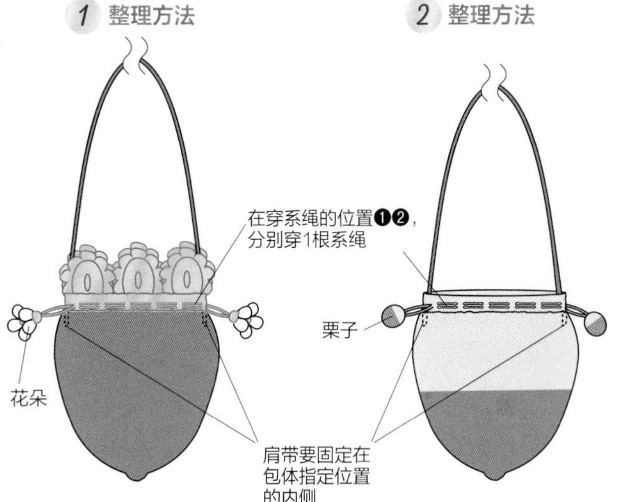

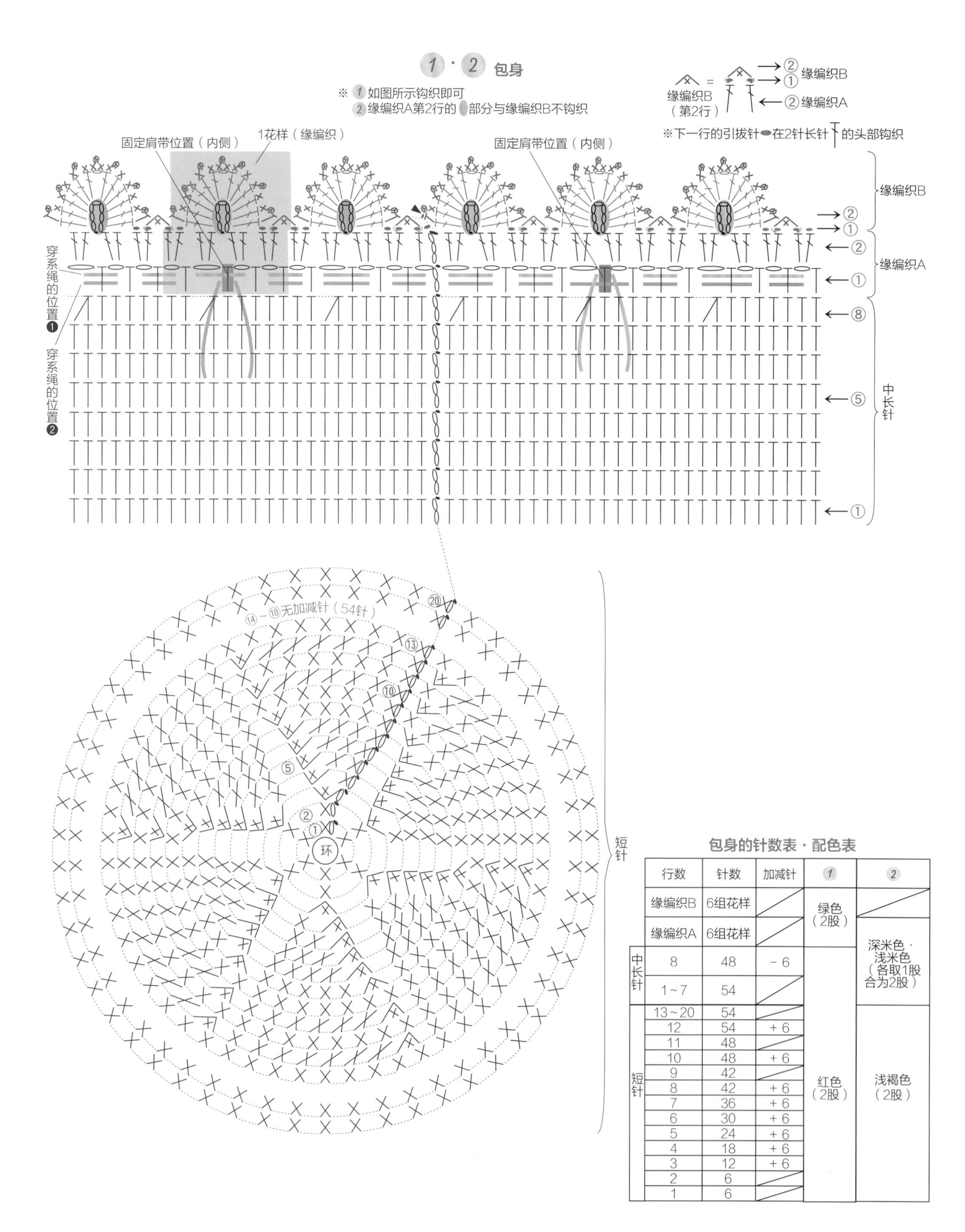

包身的针数表·配色表

	行数	针数	加减针	1	2
	缘编织B	6组花样		绿色（2股）	
	缘编织A	6组花样			深米色·浅米色（各取1股合为2股）
中长针	8	48	－6	红色（2股）	
	1~7	54			
短针	13~20	54			浅褐色（2股）
	12	54	＋6		
	11	48			
	10	48	＋6		
	9	42			
	8	42	＋6		
	7	36	＋6		
	6	30	＋6		
	5	24	＋6		
	4	18	＋6		
	3	12	＋6		
	2	6			
	1	6			

蘑菇包包

照片图示&重点课程… p.6 & p.36

★需准备材料
③ 和麻纳卡 Ami Ami Cotton/ 象牙色（16）…85g、红色（6）…80g、白色（1）…10g
④ 和麻纳卡 Cotton Nottoc 米色（7）…65g、浅褐色（9）…30g、橘色（11）…20g、黄色（12）…15g、白色（16）…10g
★针 钩针 7/0 号
★密度 （10×10 平方厘米）短针 15 针 ×18.5 行
★成品尺寸 周长 44cm× 高度 22.5cm

★钩织方法
（除指定部分外，③ 和 ④ 的钩织方法通用）
※Cotton Nottoc 全部用 2 股钩织。
1 先按说明钩织足够数量的凸起颗粒。起针和收针的线尾请留长一点，以便将装饰性颗粒固定到蘑菇包身伞面上。
2 钩织包身部分。先钩包身底座的部分，环形起针，用短针边加针边钩 33 行。只有第 21 行用短针的条纹针钩织。
3 再钩织包身的伞面部分。第 1 行在包身底座第 20 行的内侧半针（1 股线）上钩织，参考图示钩 17 行（请参考 p.36）。
4 钩完包身伞面第 17 行后，将装饰性的凸起颗粒固定到蘑菇包身伞面上。（请参考 p.36）
5 继续钩伞面。伞面的第 18 行是将伞面第 17 行和底座第 33 行重叠后一起钩织。一直钩到第 25 行（请参考 p.36）。
6 肩带用锁针起 136 针，参考图示钩 4 行。
7 系绳用锁针钩 80 针。
8 参考整理方法，将系绳分别穿过位置❶❷后打结固定。肩带缝合到指定位置（正面）两端。

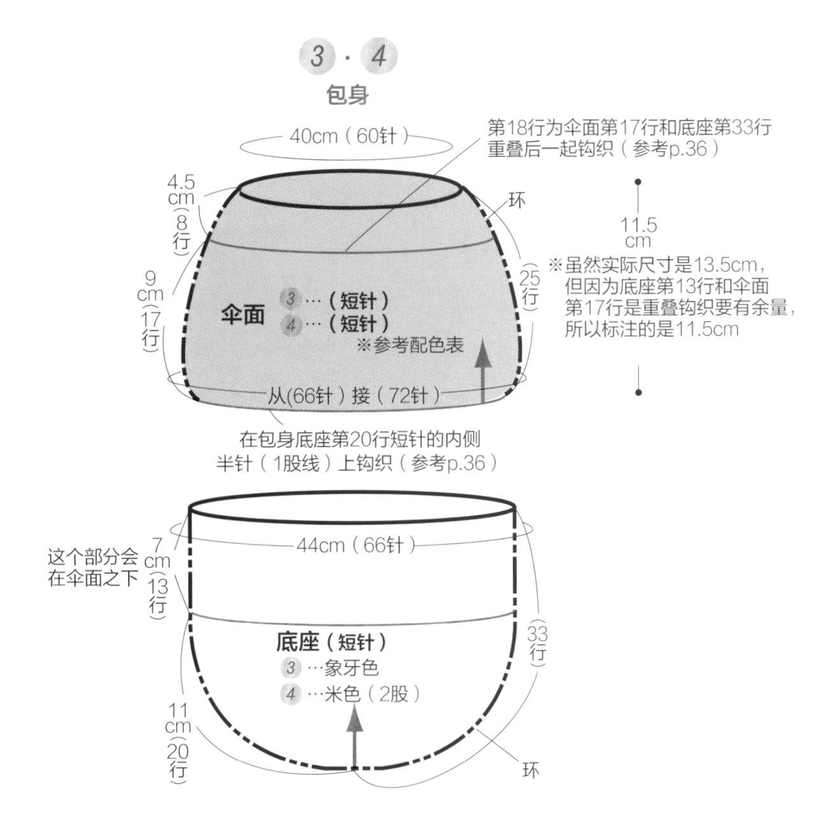

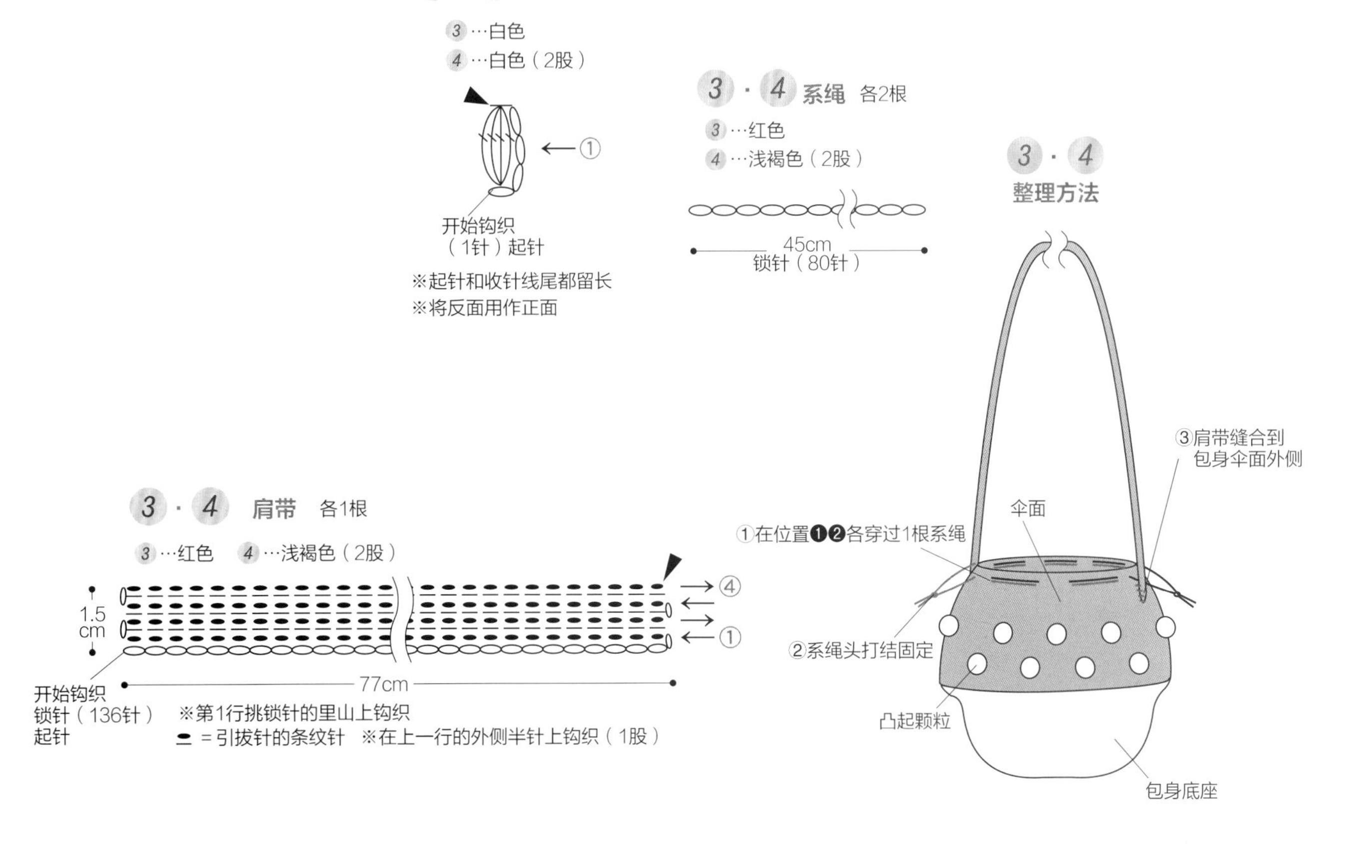

3 · 4 包身 底座

3 …象牙色　4 …米色（2股）

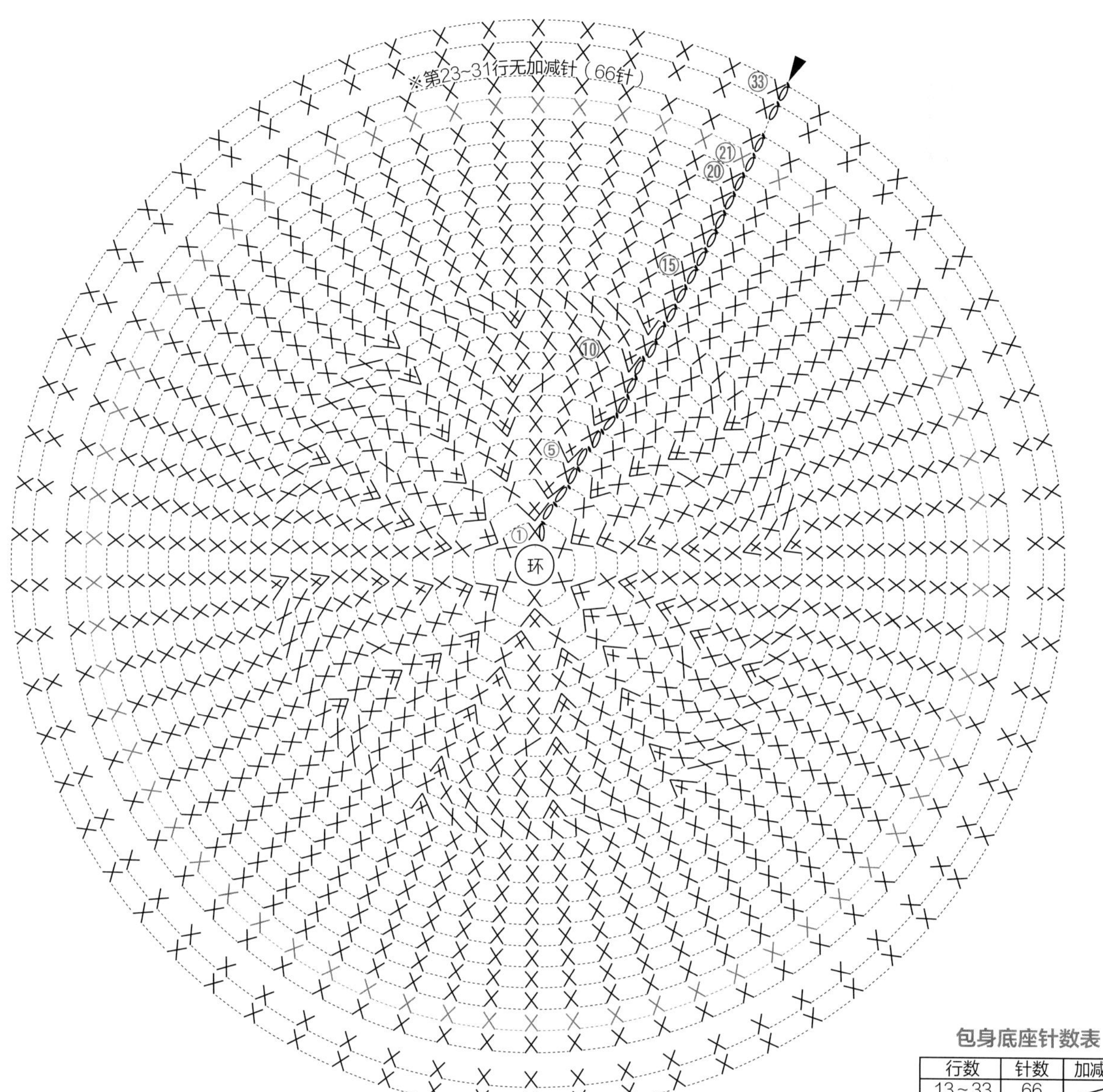

※第21行（╳）…在第20行短针的外侧半针（1股）上钩织

包身底座针数表

行数	针数	加减针
13~33	66	
12	66	+6
11	60	+6
10	54	+6
9	48	
8	48	+6
7	42	+6
6	36	+6
5	30	+6
4	24	+6
3	18	+6
2	12	+6
1	6	

3 · 4 包身 伞面

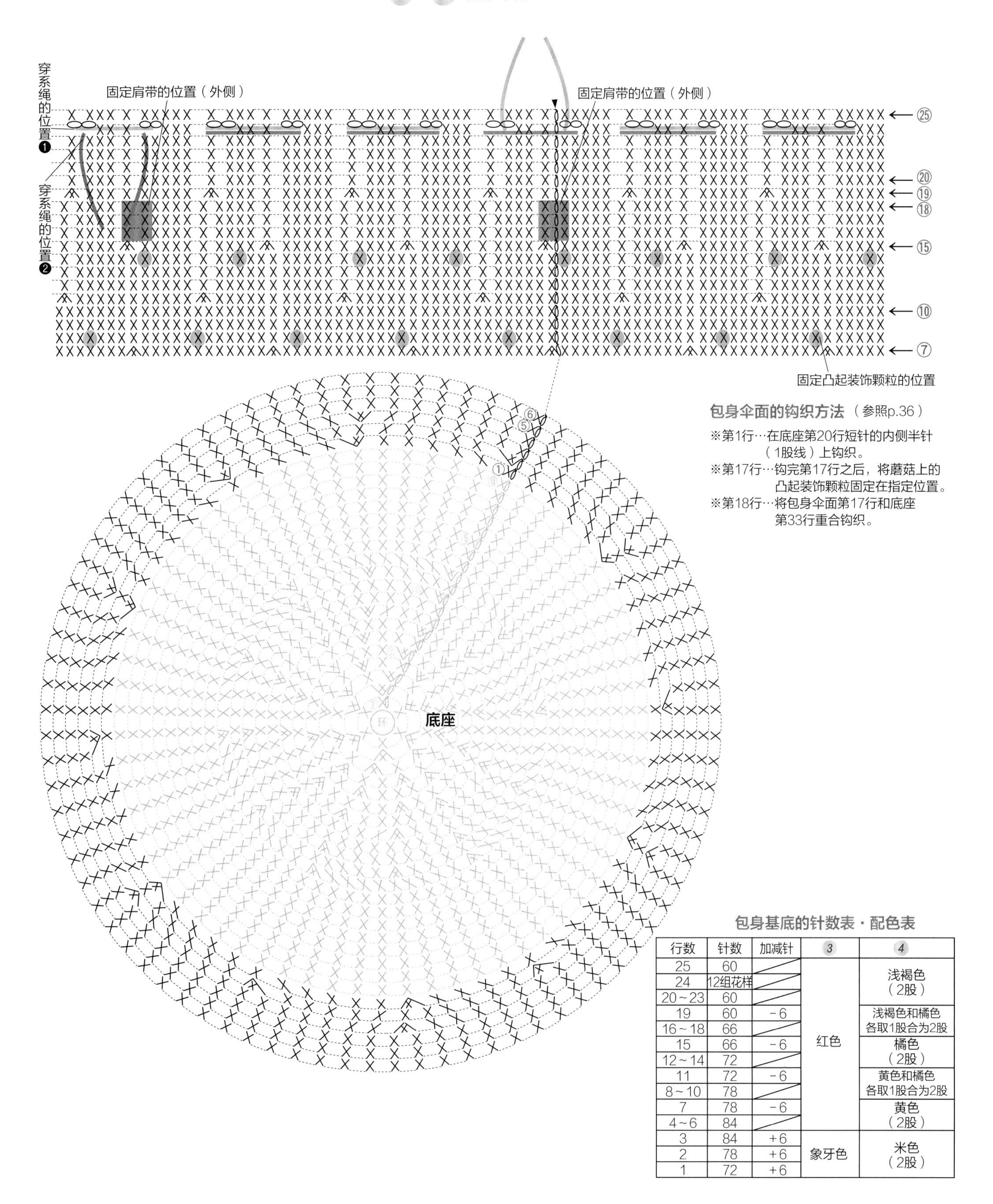

包身伞面的钩织方法（参照p.36）

※第1行…在底座第20行短针的内侧半针（1股线）上钩织。

※第17行…钩完第17行之后，将蘑菇上的凸起装饰颗粒固定在指定位置。

※第18行…将包身伞面第17行和底座第33行重合钩织。

包身基底的针数表・配色表

行数	针数	加减针	3	4
25	60		红色	浅褐色（2股）
24	12组花样			
20～23	60			
19	60	－6		浅褐色和橘色各取1股合为2股
16～18	66			
15	66	－6		橘色（2股）
12～14	72			
11	72	－6		黄色和橘色各取1股合为2股
8～10	78			
7	78	－6		黄色（2股）
4～6	84			
3	84	＋6	象牙色	米色（2股）
2	78	＋6		
1	72	＋6		

向日葵&非洲菊包包

照片图示 … p.8

★需准备材料

5 和麻纳卡 Ami Ami Cotton / 黄色（3）… 58g、黄绿色（2）… 10g、米色（17）… 9g、浅褐色（18）…8g，15mm 纽扣…1 颗

6 和麻纳卡 Ami Ami Cotton / 亮粉色（5）… 62g、浅褐色（18）… 10g、粉色（13）… 9g、黄绿色（2）…8g，15mm 纽扣…1 颗

★针 钩针 7/0 号

★成品尺寸 直径 14cm（包身部分）

★钩织方法

（5、6 的钩织方法通用）

1 主体用环形起针，参照示意图、针数 · 配色表钩织 14 行。

2 钩 2 片相同的织片，重合对齐，在指定位置用引拔针将 2 片织片缝合。

3 在指定位置钩织出纽扣系绳，在系绳的对侧缝好纽扣。

4 用双重锁针法钩出肩带，然后在两端留衩处内侧，各插 3 针将肩带缝合。

5 · 6 包身织片 各2片

5 · 6 肩带 各1根

5 …黄绿色 6 …浅褐色

※用2股线钩135针锁针，再用1股线从背面穿出钩双重锁针。

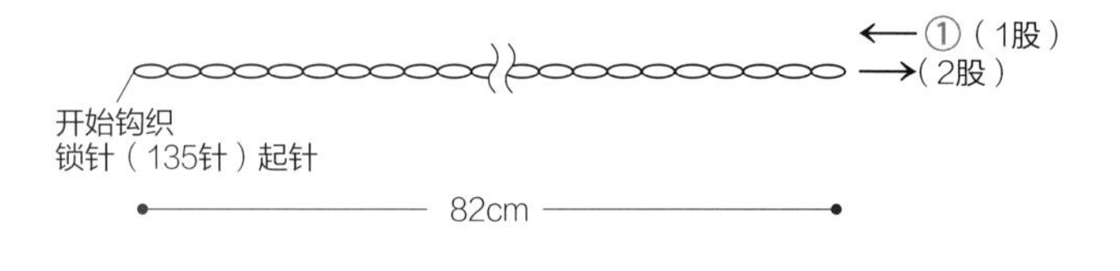

5 · 6 整理方法

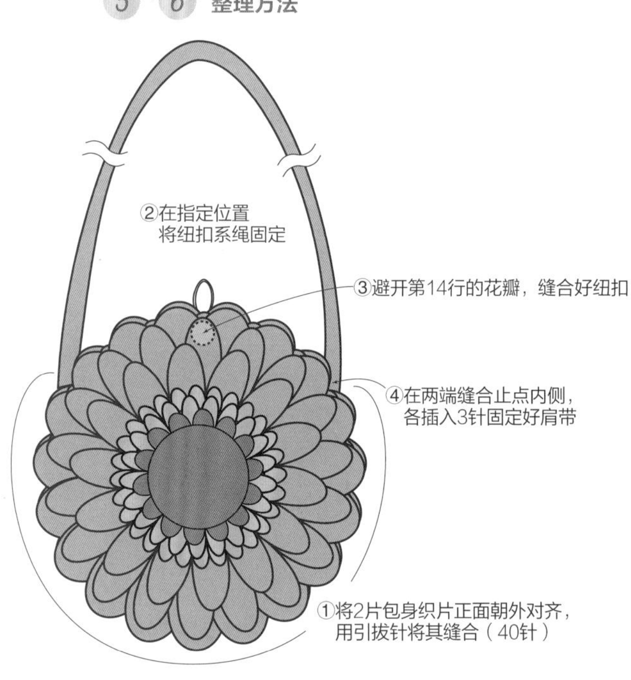

双重锁针的钩织方法

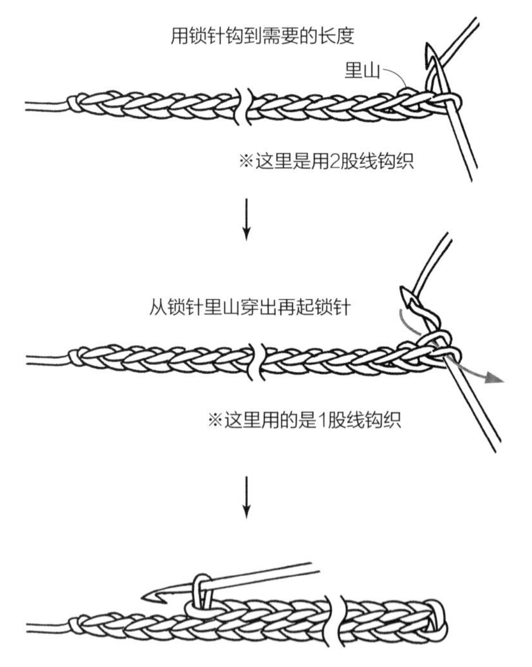

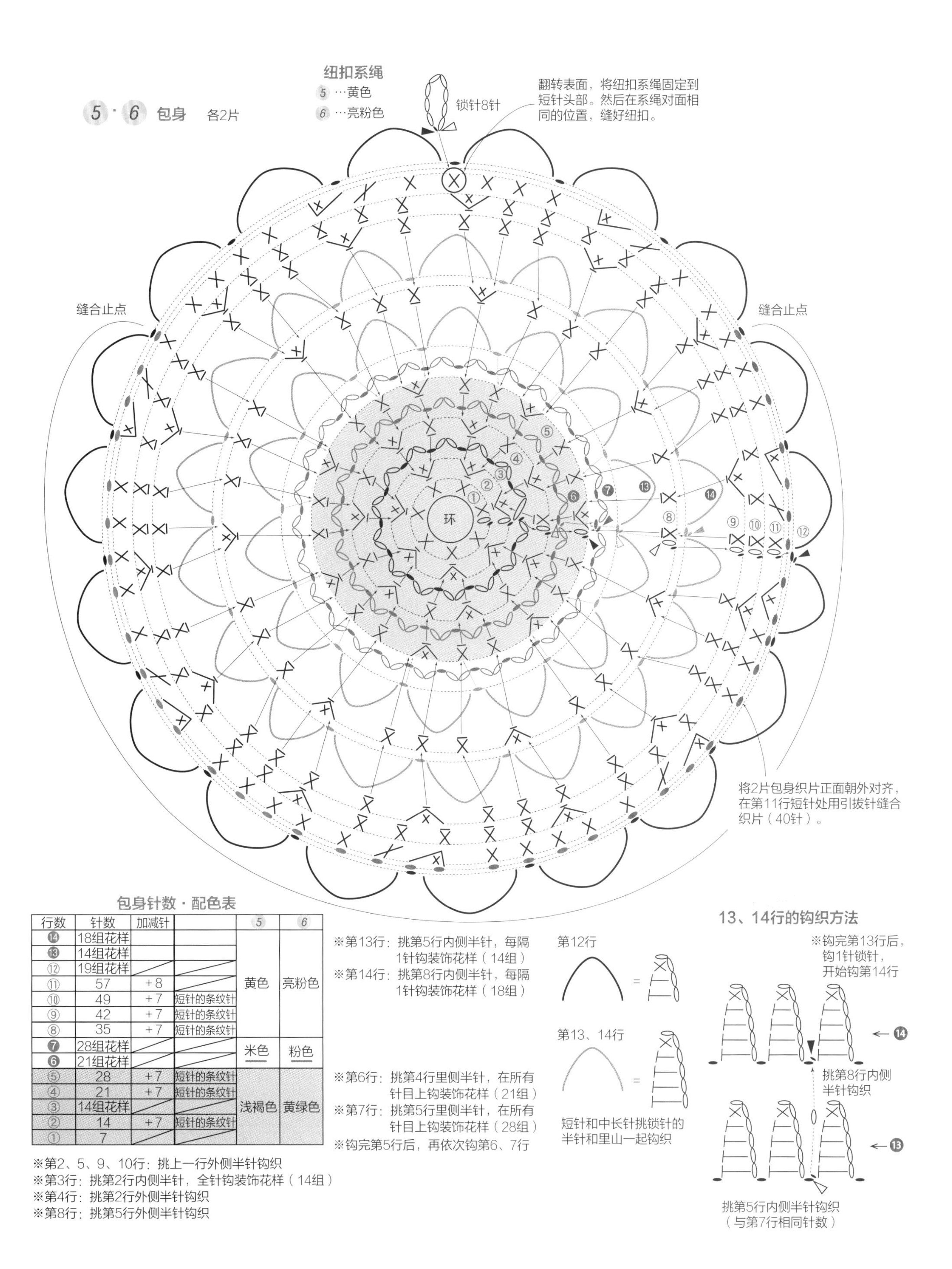

包身针数·配色表

行数	针数	加减针		5	6
⑭	18组花样			黄色	亮粉色
⑬	14组花样				
⑫	19组花样				
⑪	57	+8			
⑩	49	+7	短针的条纹针		
⑨	42	+7	短针的条纹针		
⑧	35	+7	短针的条纹针		
⑦	28组花样			米色	粉色
⑥	21组花样				
⑤	28	+7	短针的条纹针	浅褐色	黄绿色
④	21	+7	短针的条纹针		
③	14组花样				
②	14	+7	短针的条纹针		
①	7				

※第2、5、9、10行：挑上一行外侧半针钩织
※第3行：挑第2行内侧半针，全针钩装饰花样（14组）
※第4行：挑第2行外侧半针钩织
※第8行：挑第5行外侧半针钩织

※第13行：挑第5行内侧半针，每隔1针钩装饰花样（14组）
※第14行：挑第8行内侧半针，每隔1针钩装饰花样（18组）

※第6行：挑第4行里侧半针，在所有针目上钩装饰花样（21组）
※第7行：挑第5行里侧半针，在所有针目上钩装饰花样（28组）
※钩完第5行后，再依次钩第6、7行

13、14行的钩织方法

小汽车包包 照片图示 ...p.10

★需准备材料

⑦和麻纳卡 Ami Ami Cotton / 浅蓝色（9）…86g、白色（1）…17g、黑色（20）…15g、黄色（3）…3g，20cm拉链（浅蓝色）…1根，缝纫线（浅蓝色）…适量

⑧和麻纳卡 Ami Ami Cotton / 黄绿色（2）…86g、象牙色（16）…17g、黑色（20）…15g、橘色（4）…3g，20cm拉链（黄绿色）…1根，缝纫线（黄绿色）…适量

★针 钩针 7/0 号

★密度（10×10 平方厘米） 短针 17 针 ×19 行

★成品尺寸 宽 18.5cm x 高 13cm（包身尺寸）

★钩织方法

（⑦、⑧的钩织方法通用）

1 分别钩好包身的表面织片和内里织片。起锁针 26 针，短针加减往返钩 21 行。然后围绕边缘钩 5 行缘编织。

2 车窗部分的织片，也需要分别钩出表面和内里的两片。起锁针 15 针，短针减针钩 9 行。在指定位置绣锁链绣（参考 p.79）。

3 轮胎部分用环形起针，参考图示钩 6 行。

4 车灯部分用环形起针，参考图示钩 3 行。

5 肩带用锁针起 132 针，再用引拔针环绕钩 1 圈。

6 把车窗、轮胎、车灯分别固定到包身表面的织片上。

7 重叠包身表面和内里织片，从包身缘编织第 4 行指定位置处开始，卷针缝合两片织片（参考 p.79）。将拉链缝合到包身上（参考 p.37）。最后将肩带缝合到指定位置（外侧）。

⑦·⑧ 车窗（包身表面用）

⑦…白色 ⑧…象牙色 各1片

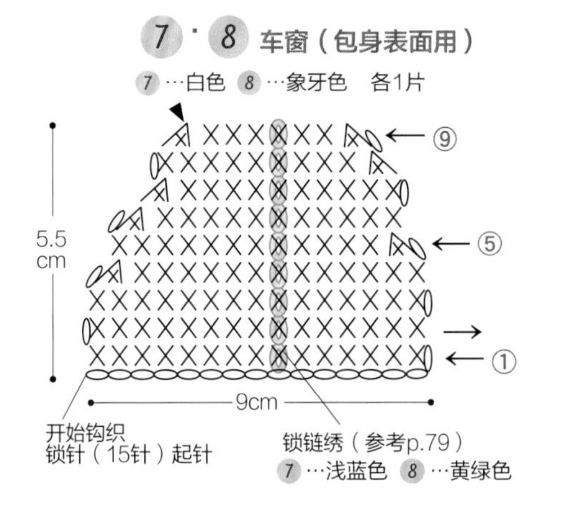

⑦·⑧ 车窗（包身内里用）

⑦…白色 ⑧…象牙色 各1片

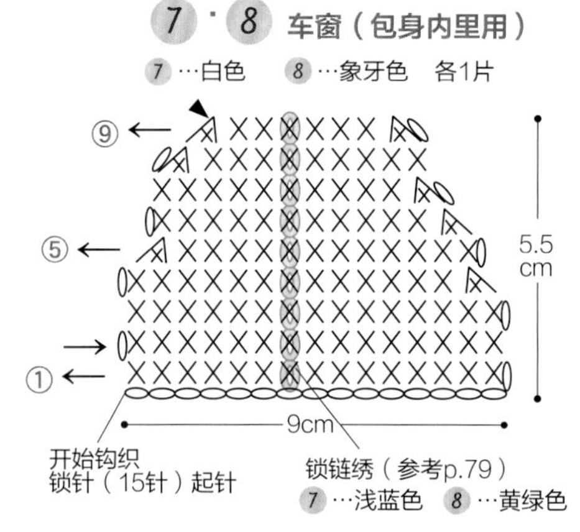

⑦·⑧ 轮胎 各4片

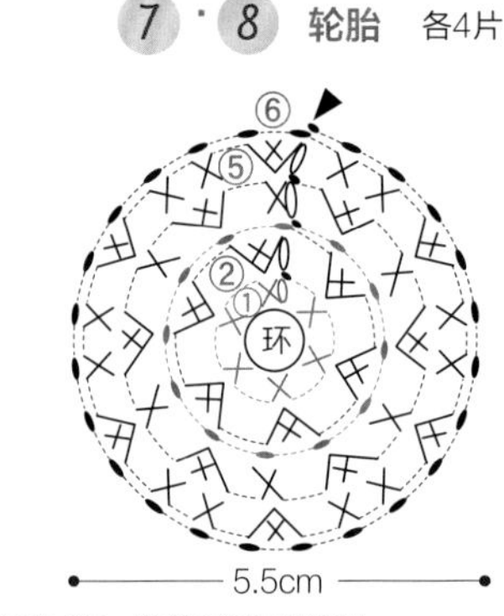

※第4行…挑第2行短针钩织

轮胎针数表

行数	针数	加针数
6	24	
5	24	+6
4	18	+6
3	12	
2	12	+6
1	6	

⑦·⑧ 车灯 各2片

⑦…黄色
⑧…橘色

③ ② ① 环

2.5cm

车灯针数表

行数	针数	加针数
3	10	
2	10	+5
1	5	

轮胎配色表

	⑦	⑧
——（第2、4、5、6行）	黑色	黑色
——（第1、3行）	白色	象牙色

⑦·⑧ 肩带 各1根

⑦…浅蓝色 ⑧…黄绿色

⑦·⑧ 包身 表面、内里各1片

⑦…浅蓝色 ⑧…黄绿色

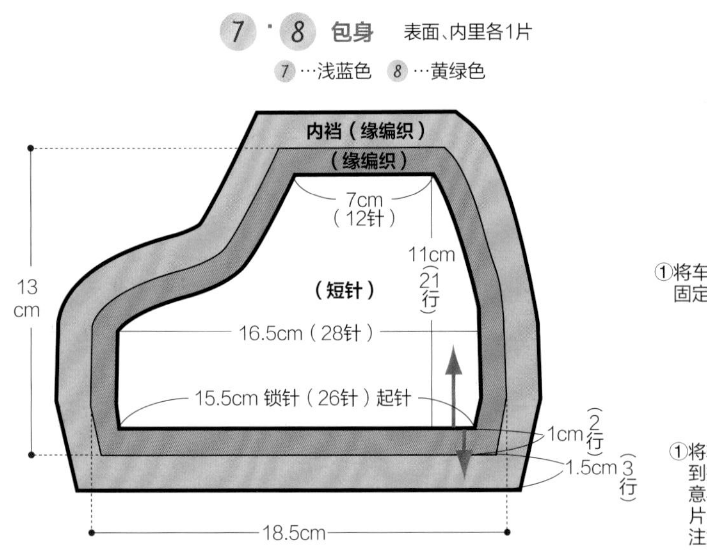

⑦·⑧ 整理方法

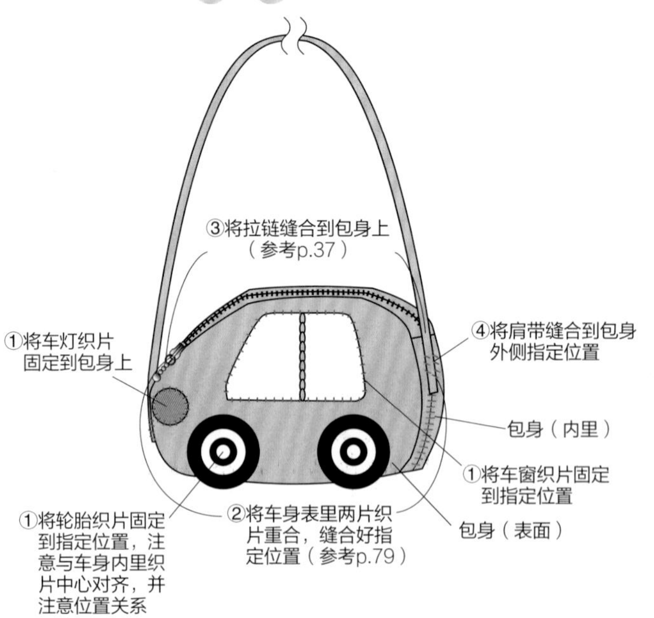

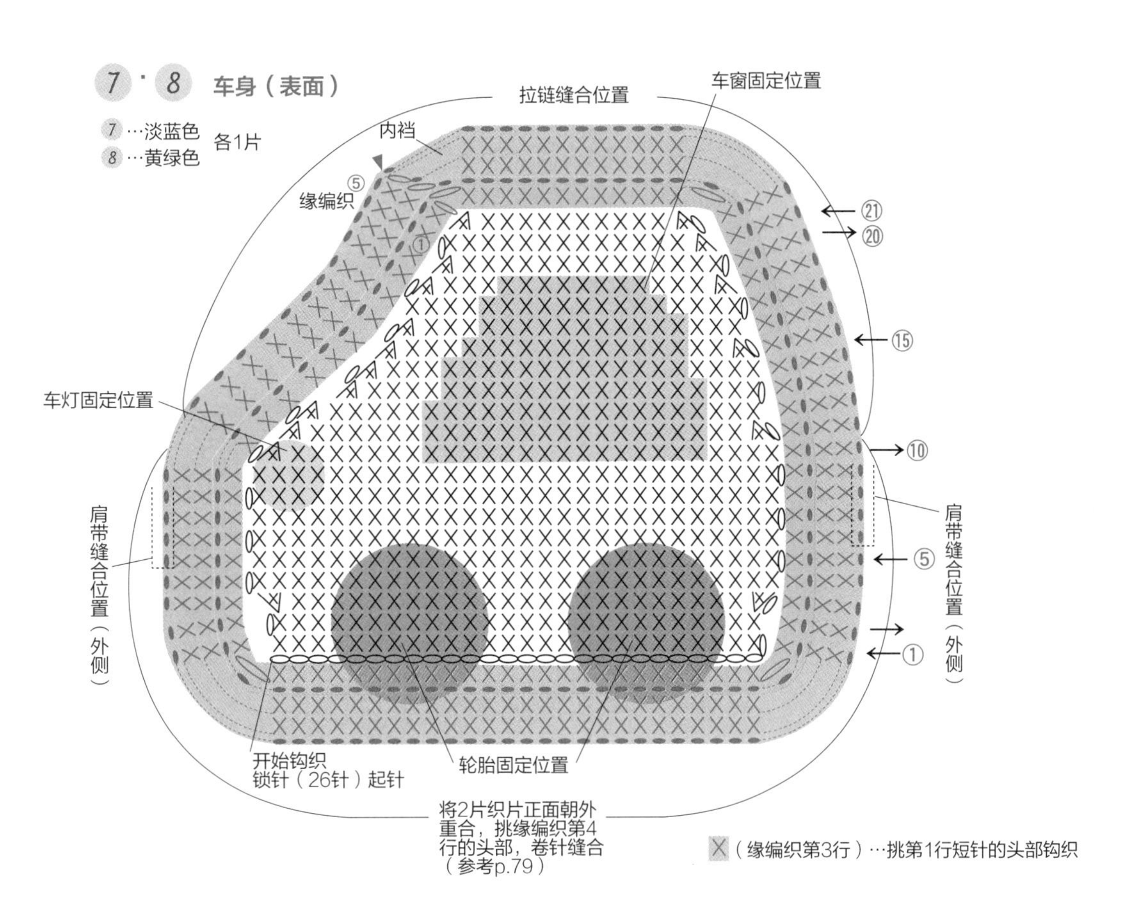

7 · 8 车身（表面）
7 …淡蓝色
8 …黄绿色
各1片
拉链缝合位置
车窗固定位置
内裆
⑤
缘编织
①
㉑
⑳
⑮
车灯固定位置
⑩
肩带缝合位置（外侧）
⑤
①
开始钩织
锁针（26针）起针
轮胎固定位置
将2片织片正面朝外重合，挑缘编织第4行的头部，卷针缝合（参考p.79）
X（缘编织第3行）…挑第1行短针的头部钩织

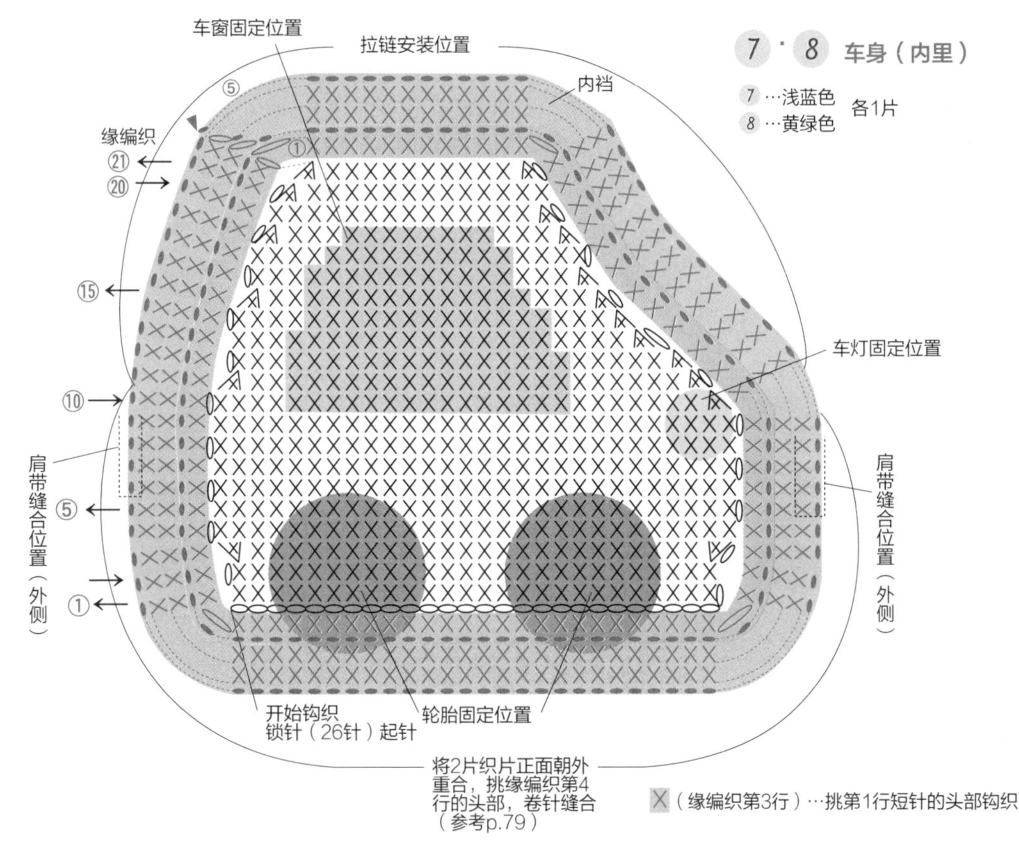

车窗固定位置
拉链安装位置
7 · 8 车身（内里）
7 …浅蓝色
8 …黄绿色
各1片
⑤
内裆
缘编织
①
㉑
⑳
⑮
车灯固定位置
⑩
肩带缝合位置（外侧）
⑤
①
开始钩织
锁针（26针）起针
轮胎固定位置
将2片织片正面朝外重合，挑缘编织第4行的头部，卷针缝合（参考p.79）
X（缘编织第3行）…挑第1行短针的头部钩织

葡萄&菠萝包包　照片图示 … p.12

★需准备材料
⑨ DARUMA　梦色木棉 / 翠绿色（19）… 75g、紫色（14）…50g、深蓝色（15）…40g
⑩ DARUMA　梦色木棉 / 绿色（11）… 70g、芥末黄色（10）…55g、黄色（4）…40g
★针　钩针 7/0 号
★密度　（10×10 平方厘米）3 组花样 ×12.5 行
★成品尺寸　周长 40cm× 高 16cm

★钩织方法
（除指定部分外，⑨、⑩的钩织方法通用）
1 钩织包身。首先在底部环形起针，边钩短针边加针钩9行。接着侧面不用加减针，钩20行花样即可。参考示意图，⑨钩 3 行缘编织，⑩钩 2 行缘编织。
2 系绳用锁针钩 65 针。
3 肩带用锁针起 134 针，参照图示钩 4 行。
4 参考整理方法，将两根系绳分别穿过缘编织❶、❷的位置，绳头打结收尾。将肩带缝合到包身两侧指定位置（外侧）。

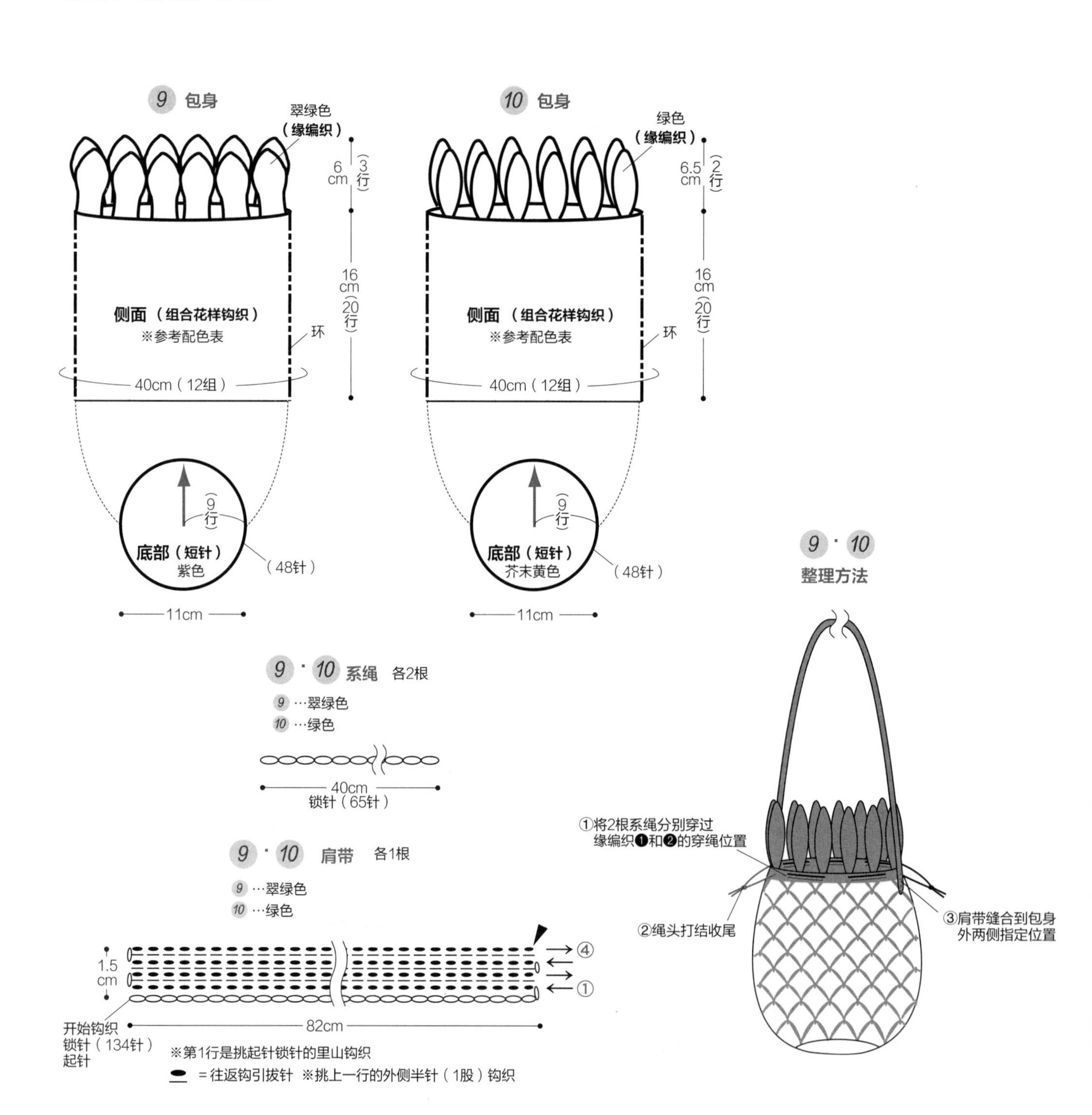

9 包身 ※缘编织之外（底面、侧面）和 10 的包身钩织方法相同

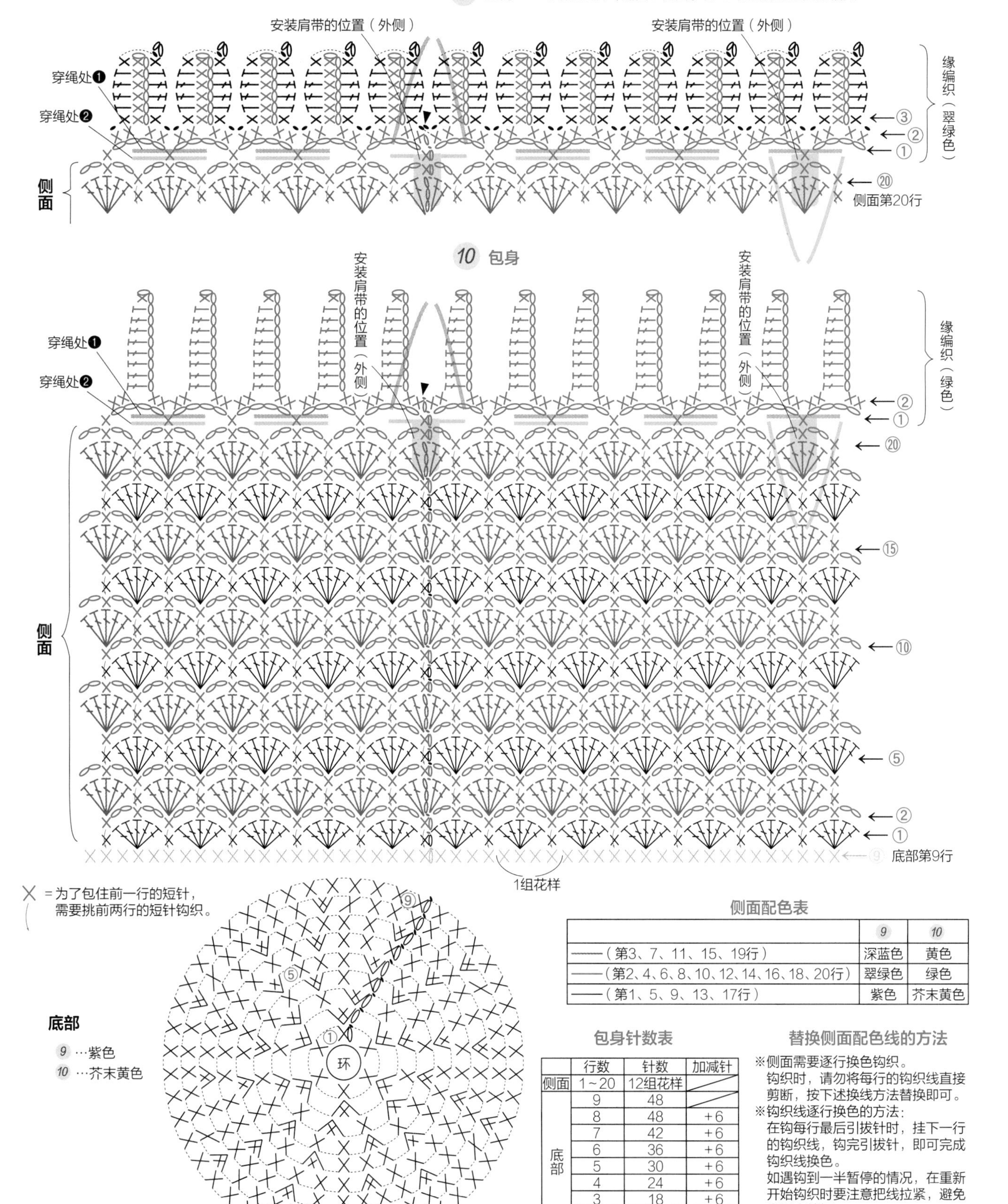

侧面配色表

	9	10
——（第3、7、11、15、19行）	深蓝色	黄色
——（第2、4、6、8、10、12、14、16、18、20行）	翠绿色	绿色
——（第1、5、9、13、17行）	紫色	芥末黄色

包身针数表

	行数	针数	加减针
侧面	1～20	12组花样	
底部	9	48	
	8	48	+6
	7	42	+6
	6	36	+6
	5	30	+6
	4	24	+6
	3	18	+6
	2	12	+6
	1	6	

替换侧面配色线的方法

※侧面需要逐行换色钩织。
钩织时，请勿将每行的钩织线直接剪断，按下述换线方法替换即可。

※钩织线逐行换色的方法：
在钩每行最后引拔针时，挂下一行的钩织线，钩完引拔针，即可完成钩织线换色。
如遇钩到一半暂停的情况，在重新开始钩织时要注意把线拉紧，避免出现小结扣。

番茄&南瓜包包

照片图示&重点课程 … p.16 & p.36

★需准备材料

13 DARUMA　梦色木棉 / 红色（9）… 74g、绿色（11）…9g

14 DARUMA　梦色木棉 / 橘色（3）… 69g、黄绿色（25）…11g、绿色（11）…7g

★针　钩针 8/0 号

★成品尺寸　周长 47cm x 高 10cm（仅包身）

★钩织方法

（除指定部分外，13 和 14 的钩织方法通用）

1 包身底部用环形起针，短针加针钩 6 行，组合花样钩 2 行（参考 p.36、37）。接着钩侧面的组合花样 10 行，缘编织 3 行。

2 13 番茄蒂的钩法请参考图示。14 的叶子、藤蔓 A、藤蔓 B 的部分钩法请参考图示。

3 钩织提手，锁针起 34 针，参考图示钩 4 行。将表面对折，将起针行和第 4 行外侧半针（1 股）并到一起，卷针缝合（参考 p.79）。

4 将提手固定到包身指定位置内侧。13 的番茄蒂也要固定到指定位置，14 则先将藤蔓 A、藤蔓 B 固定后，最后把叶子固定到上面。

13 · 14 提手

13 …红色　14 …黄绿色　各1根

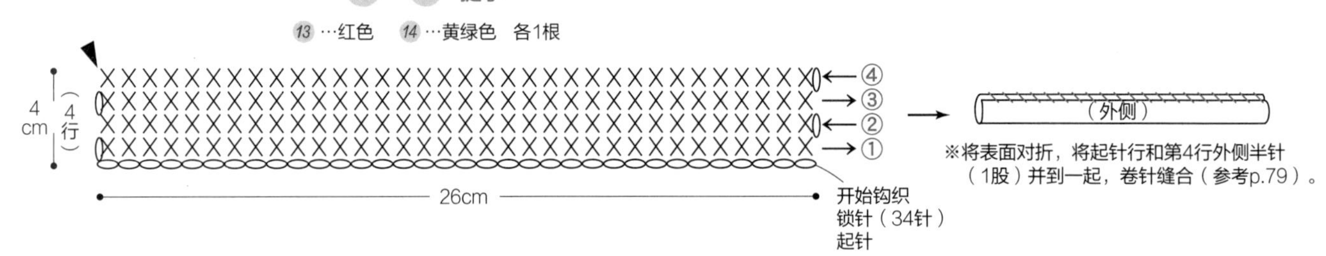

14 藤蔓A　绿色　1根

14 藤蔓B　黄绿色　1根

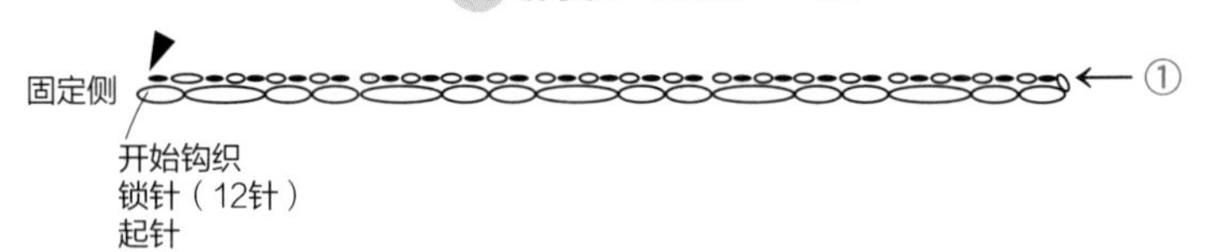

13 番茄蒂　绿色　1个

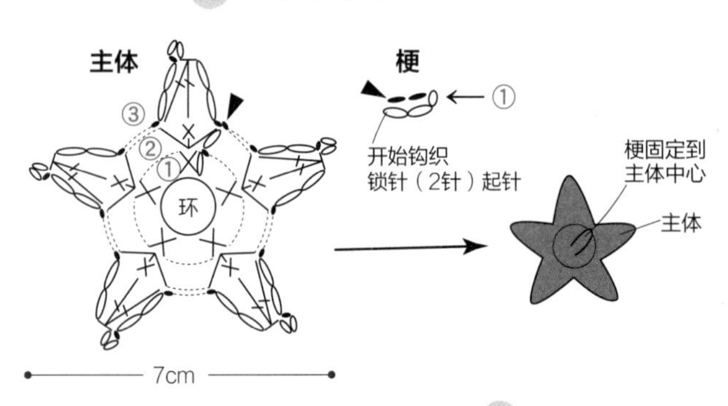

13 整理方法

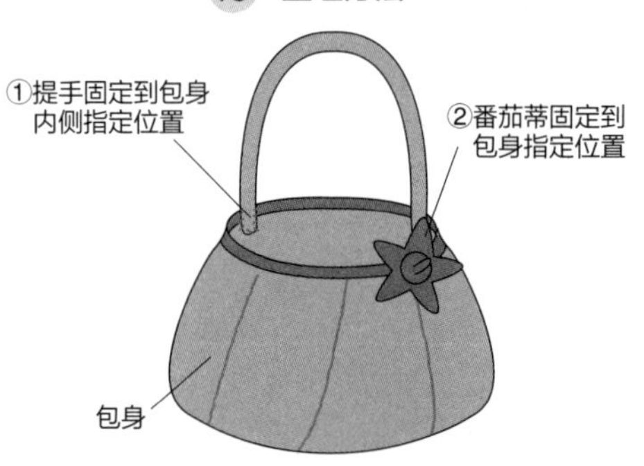

14 叶子

绿色　1个

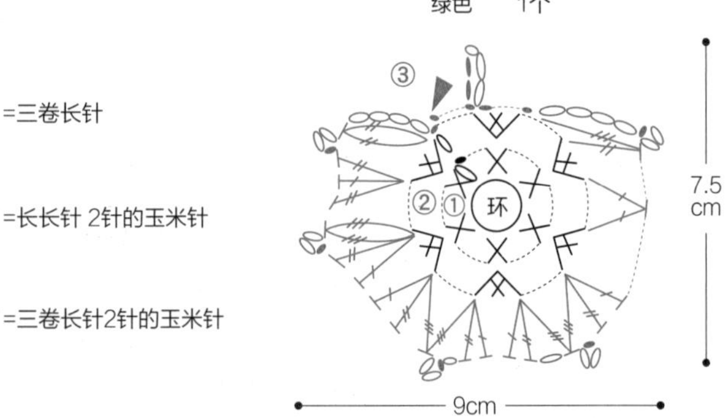

14 整理方法

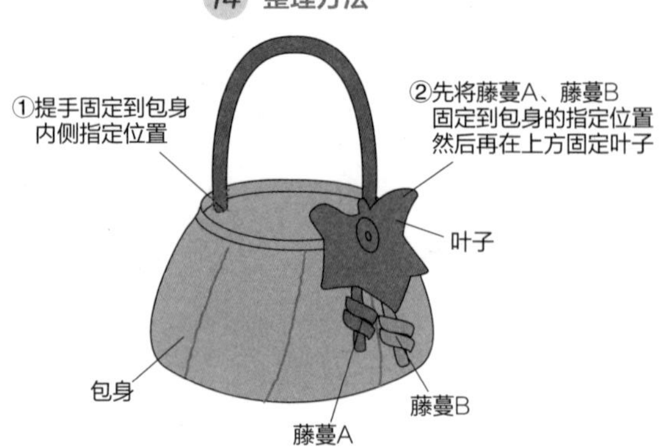

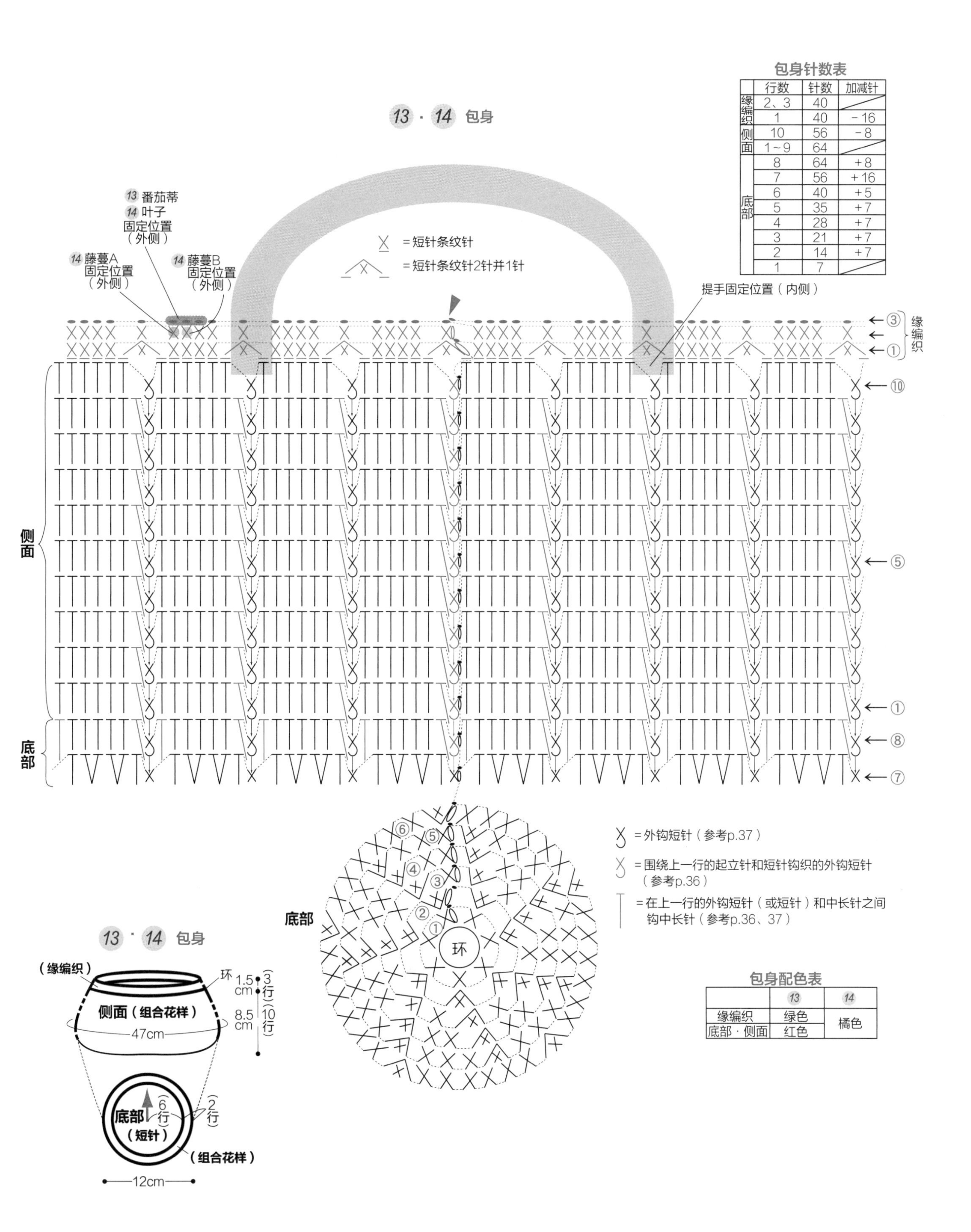

包身针数表

	行数	针数	加减针
缘编织	2、3	40	
	1	40	−16
侧面	10	56	−8
	1~9	64	
底部	8	64	+8
	7	56	+16
	6	40	+5
	5	35	+7
	4	28	+7
	3	21	+7
	2	14	+7
	1	7	

包身配色表

	13	14
缘编织	绿色	橘色
底部·侧面	红色	

西瓜&柠檬包包

照片图示&重点课程 … p.18 & p.37

★需准备材料

15 DARUMA 梦色木棉 / 红色（9）… 35g、绿色（11）… 30g、鲜绿色（19）… 9g、黑色（2）… 3g、20cm 拉链（红色）…1 根，缝线（红色）…适量

16 DARUMA 梦色木棉 / 芥末黄色（10）… 29g、奶油色（21）… 24g、白色（1）… 22g、绿色（11）… 2g，20cm 拉链（白色）… 1 根，缝线（白色）… 适量

★针 钩针 7/0 号

★成品尺寸 宽 18cm × 高 11cm（仅包身）

★钩织方法

（除指定部分外，15 和 16 的钩织方法通用）

1 侧面用锁针起 3 针，参考图示钩织。15 为组合花样 A、16 是组合花样 A 配色钩织 6 行后（参考 p.37）。接着在侧面上方钩第 7 行短针。15 是在指定位置用黑色线绣锻绣。

2 底部用锁针起 45 针，在锁针周围钩 3 行组合花样 B。

3 肩带用锁针起 132 针，在锁针周围钩 1 行。

4 16 的叶子部分参考图示钩织。

5 将包包底部和侧面重叠，卷针缝合。

6 在包包侧面装拉链的位置缝好拉链（参考 p.37）。肩带缝合到底部的指定位置。16 把叶子缝到拉链金属头处。

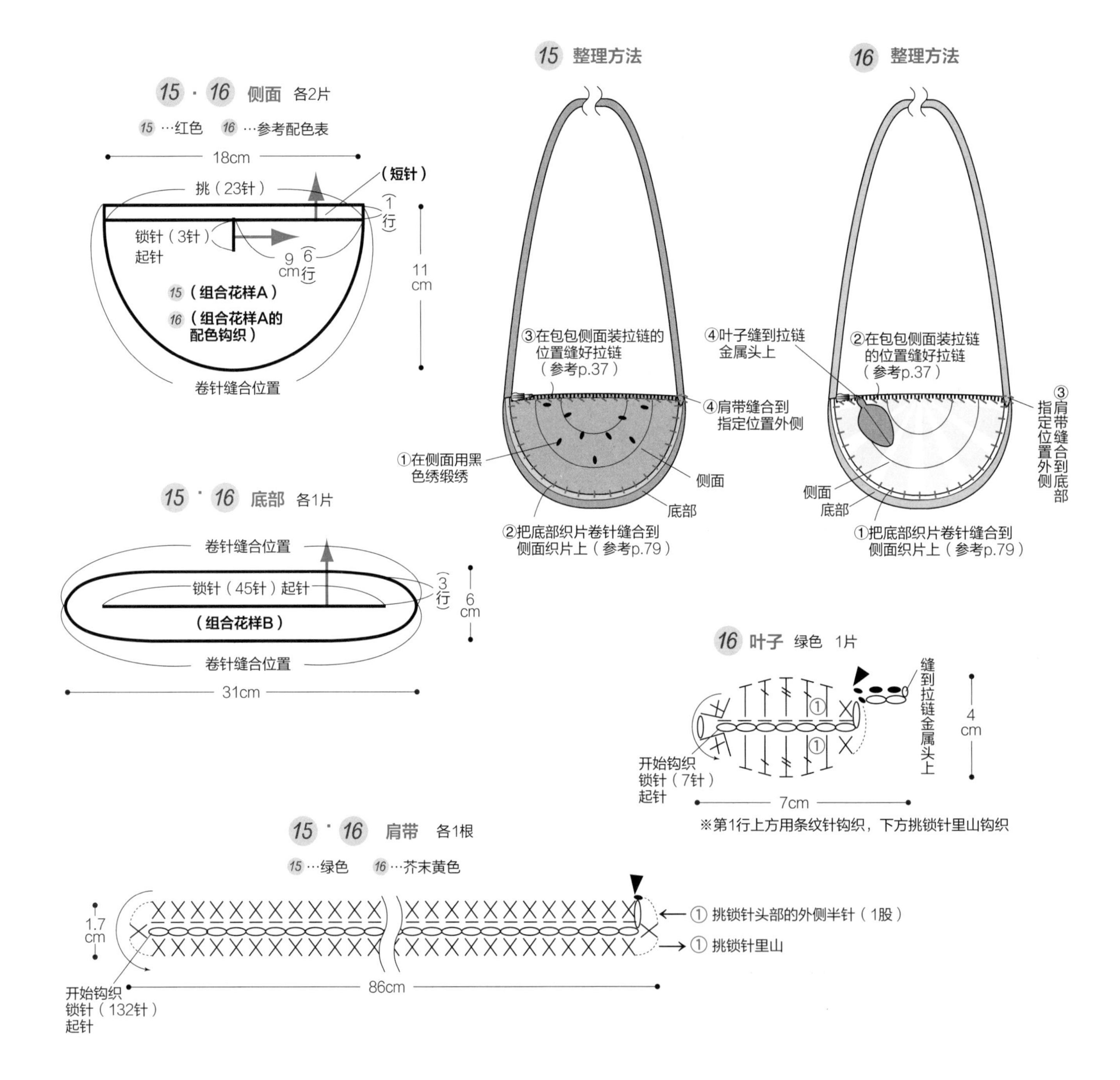

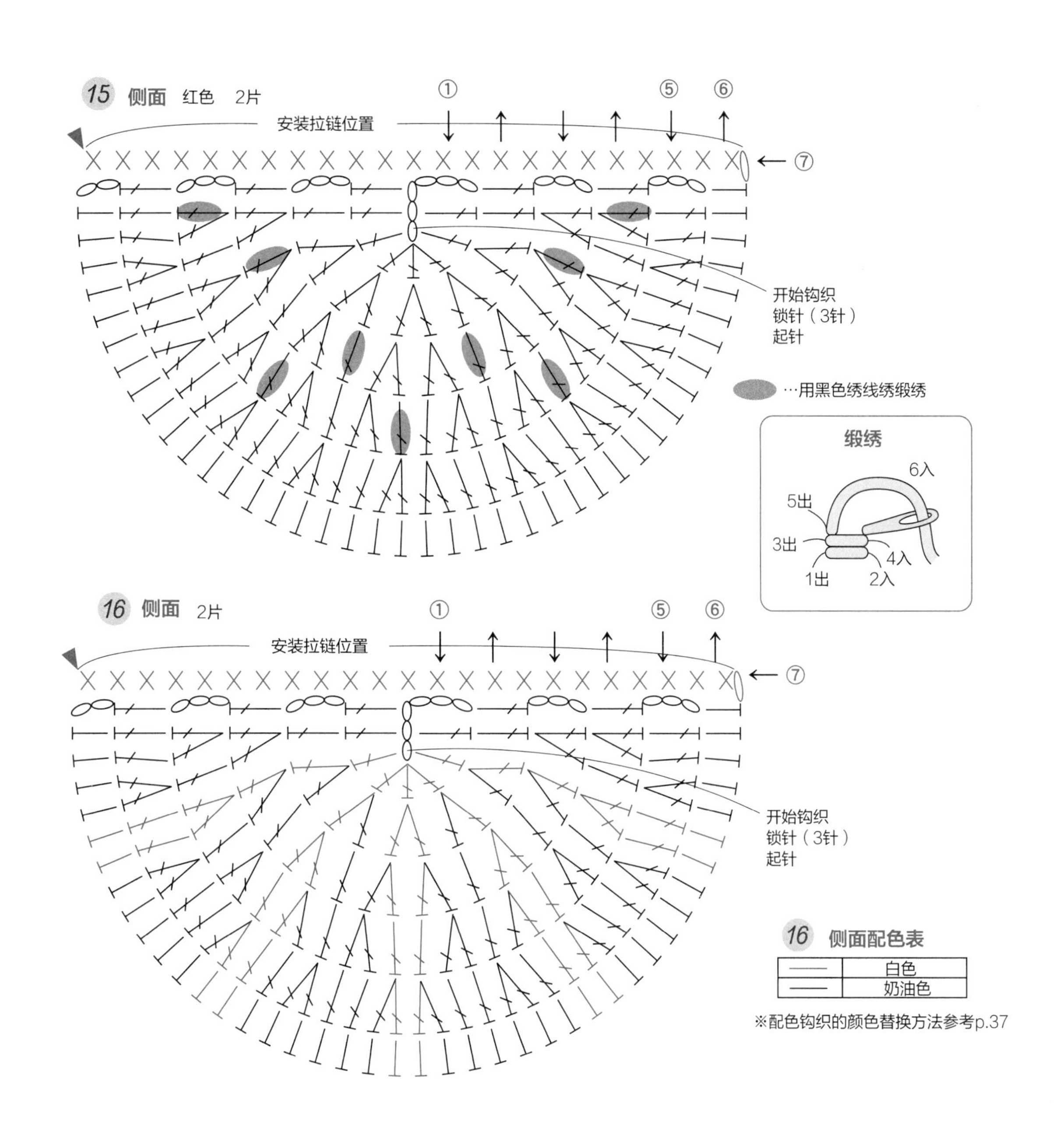

16 侧面配色表

——	白色
——	奶油色

※配色钩织的颜色替换方法参考p.37

15 · 16 底部 各1片

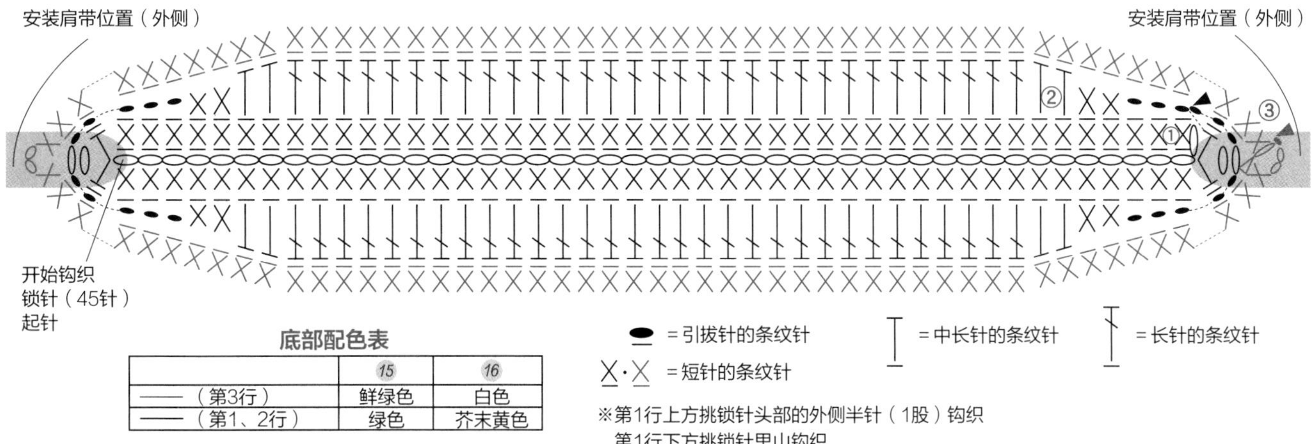

底部配色表

	15	16
——（第3行）	鲜绿色	白色
——（第1、2行）	绿色	芥末黄色

● = 引拔针的条纹针

X · X = 短针的条纹针

T = 中长针的条纹针

Ŧ = 长针的条纹针

※第1行上方挑锁针头部的外侧半针（1股）钩织
第1行下方挑锁针里山钩织

瓢虫&乌龟包包

照片图示&重点课程 … p.20 & 18 p.38

★需准备材料

17 DARUMA　梦色木棉 / 黑色（2）… 96g、红色（9）… 68g、Cotton Crochet Large / 黑色（15）… 6g、白色（1）…4g，极细蜡线…60cm x 2 根

★针　　钩针 4/0 号、6/0 号、7/0 号

★成品尺寸　周长 44cm 高 10cm（仅包身）

18 DARUMA　梦色木棉 / 鲜绿色（18）…88g、黄色（4）…17g、粉色（8）…15g、浅蓝色（6）…10g、黑色（2）…少许，极细蜡线…60cm × 2 根

★针　　钩针 6/0 号

★成品尺寸　周长 44cm × 高 10cm（仅包身）

★钩织方法

（除指定部分外，17 和 18 的钩织方法通用）

1 包身底部钩6针锁针，在起针处引拔做出环形起针。长针加针钩4行。侧面减针钩 17 的组合花样，18 用组合条纹钩7行。

2 18 挑底部第4行剩余的半针（1股）钩缘编织1行（参考p.38）。

3 17 的翅膀、脸、翅膀斑点、腿、眼睛、肩带部分请参考图示钩织。18 的脸、腿、尾巴、肩带部分也请参考图示钩织。

4 把蜡线分别穿过包身指定位置1和2，线头穿出打结。

5 参考整理方法，将各部分合为整体。

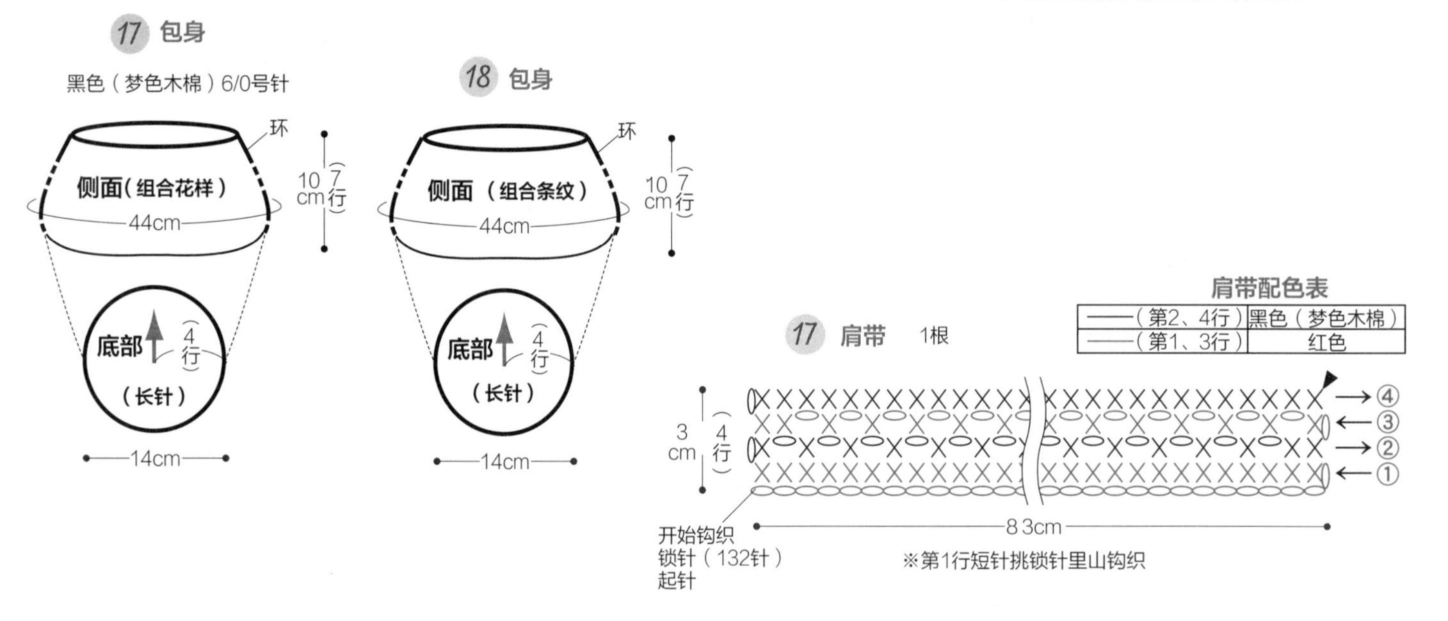

17 整理方法

①把蜡线分别穿过包身指定位置❶和❷，线头穿出打结

包身

翅膀

③将翅膀上的斑点固定到翅膀织片上

②钩好脸部织片后，将眼睛固定。再绣好嘴巴，剪掉多余的线头。把翅膀固定到指定位置

④将腿部织片固定到包身上

眼睛

嘴巴 直线绣（白色）

⑤将肩带缝合到包身指定位置外侧

18 整理方法

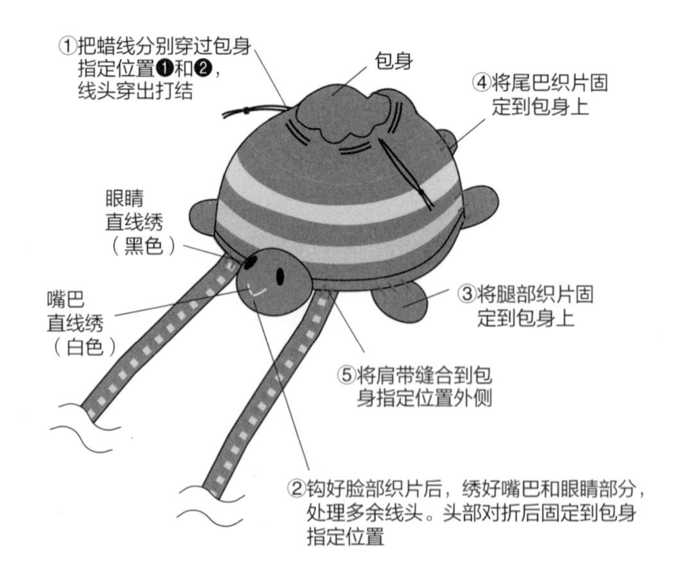

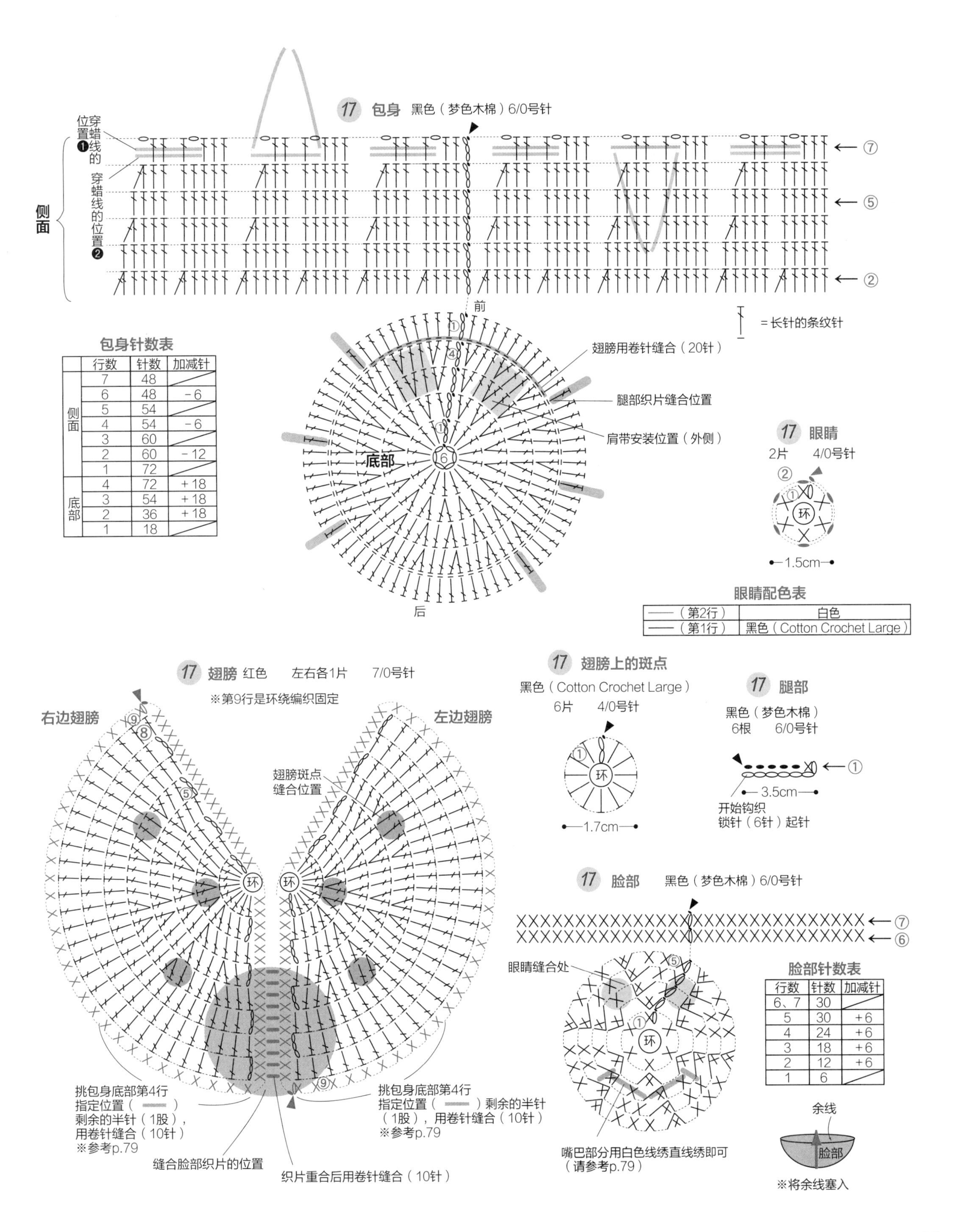

包身针数表

	行数	针数	加减针
侧面	7	48	
	6	48	－6
	5	54	
	4	54	－6
	3	60	
	2	60	－12
	1	72	
底部	4	72	＋18
	3	54	＋18
	2	36	＋18
	1	18	

眼睛配色表

——（第2行）	白色
——（第1行）	黑色（Cotton Crochet Large）

脸部针数表

行数	针数	加减针
6、7	30	
5	30	＋6
4	24	＋6
3	18	＋6
2	12	＋6
1	6	

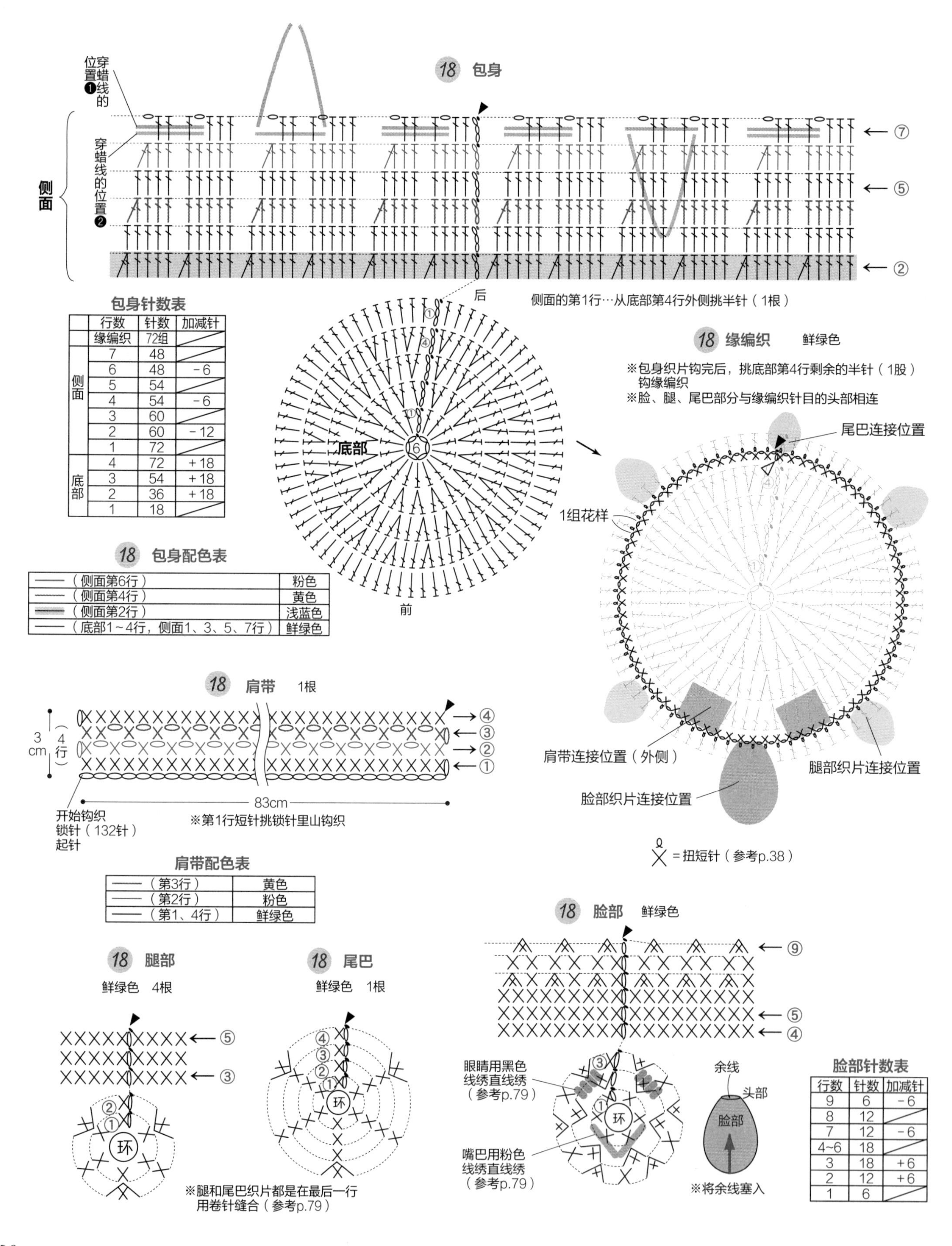

包身针数表

	行数	针数	加减针
	缘编织	72组	
侧面	7	48	
	6	48	－6
	5	54	
	4	54	－6
	3	60	
	2	60	－12
	1	72	
底部	4	72	＋18
	3	54	＋18
	2	36	＋18
	1	18	

18 包身配色表

——（侧面第6行）	粉色
——（侧面第4行）	黄色
——（侧面第2行）	浅蓝色
——（底部1～4行，侧面1、3、5、7行）	鲜绿色

肩带配色表

——（第3行）	黄色
——（第2行）	粉色
——（第1、4行）	鲜绿色

脸部针数表

行数	针数	加减针
9	6	－6
8	12	
7	12	－6
4~6	18	
3	18	＋6
2	12	＋6
1	6	

苹果包包　照片图示 ... p.22

*需准备材料

19 和麻纳卡　Ami Ami Cotton / 黄绿色（2）…20g、白色（1）… 12g、象牙色（16）… 2g、黄色（3）… 2g、浅褐色（18）…1g，按扣（15mm）…1 对

20 和麻纳卡　Ami Ami Cotton / 红色（6）… 20g、白色（1）… 12g、象牙色（16）… 2g、黄绿色（2）… 2g、浅褐色（18）… 1g、黄色（3）…少量，按扣（15mm）…1 对

*针　钩针 7/0 号

*成品尺寸　直径 13cm（仅包身）

*钩织方法

（19 和 20 的钩织方法通用）

1 包身用环形起针，按照“包身的针数表”来钩织，外侧和内侧各钩 10 行。

2 钩好叶子和苹果蒂，固定到包身外侧指定位置。绣好包身内侧装饰纹样后，将包身外侧织片和内侧织片重叠，用卷针缝合。

3 钩好肩带，固定到包身指定位置。

4 在指定位置缝好按扣。

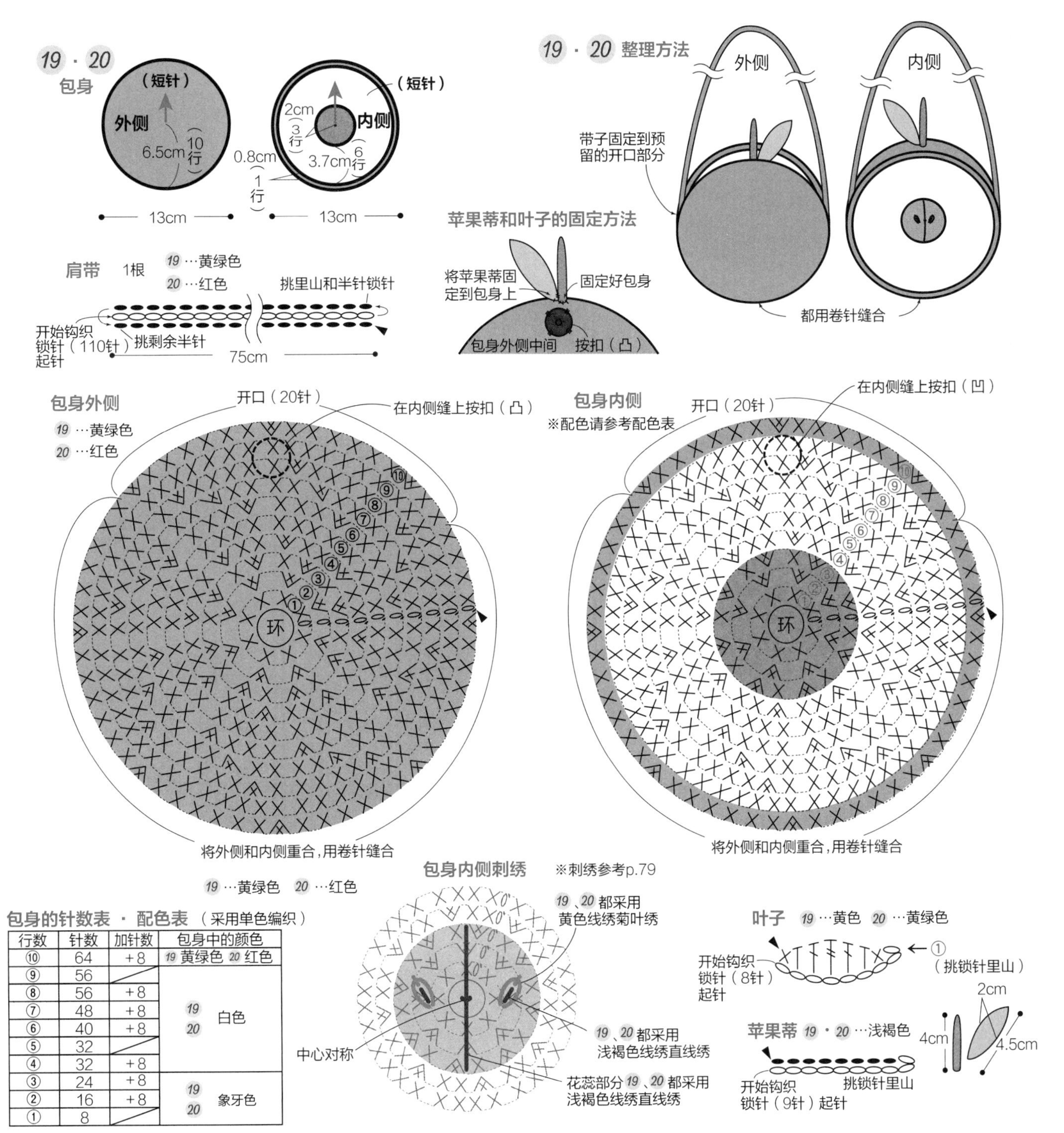

包身的针数表 · 配色表（采用单色编织）

行数	针数	加针数	包身中的颜色
⑩	64	+8	19 黄绿色 20 红色
⑨	56		19 20 白色
⑧	56	+8	
⑦	48	+8	
⑥	40	+8	
⑤	32		
④	32	+8	
③	24	+8	19 20 象牙色
②	16	+8	
①	8		

小花包包　照片图示 … p.24

★需准备材料

21 和麻纳卡 Eco-Andaria / 红色（7）…23g、糖果粉色（46）…15g、柠檬黄色（11）…12g
和麻纳卡 口金（长 10.5cm x 宽 5cm）/ 金色（h207-003-1）…1 组，缝合线（红色）…适量

22 和麻纳卡 Eco-Andaria / 橘色（98）…23g、柠檬黄色（11）…12g、浅棕色（15）…12g
和麻纳卡 口金（长 10.5cm x 宽 5cm）/ 金色（h207-003-1）…1 组，缝合线（橘色）…适量

★针　钩针 6/0 号

★成品尺寸　直径 13cm（仅包身）

★钩织方法

（21 和 22 的钩织方法通用）

1 包身用环形起针,参考“包身钩织方法”钩 11 行。钩 2 片包身织片，表面重叠后在下方指定位置（36 针）用卷针缝合（参考 p.79）。

2 请参考“口金固定方法”，将口金缝合到包身上方指定位置固定。

3 肩带请参考图示锁针起针，钩好所需针数。在钩起针的最后 3 针时，穿过口金的金属孔固定。接着再钩 1 行短针。将起针处的 3 针锁针穿过口金金属孔，缝合到一起。

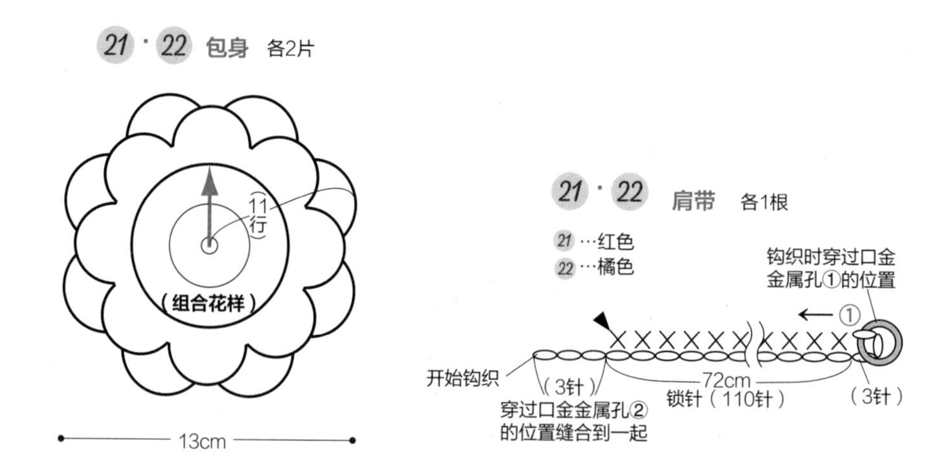

口金的固定方法

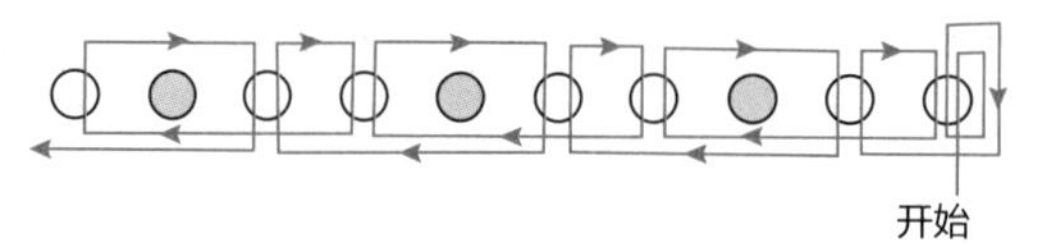

※如上图箭头所示，缝合时是每2个金属孔间留出1个孔 ◯ 不缝，将口金（44个孔）缝合固定到包身（30针）上。
※如果您使用的口金和本书一样，直接按照图示缝合即可。如果您使用的口金不太一样，那么请按实际情况进行调整，保证口金和包身固定就好（具体方法请见p.38）。

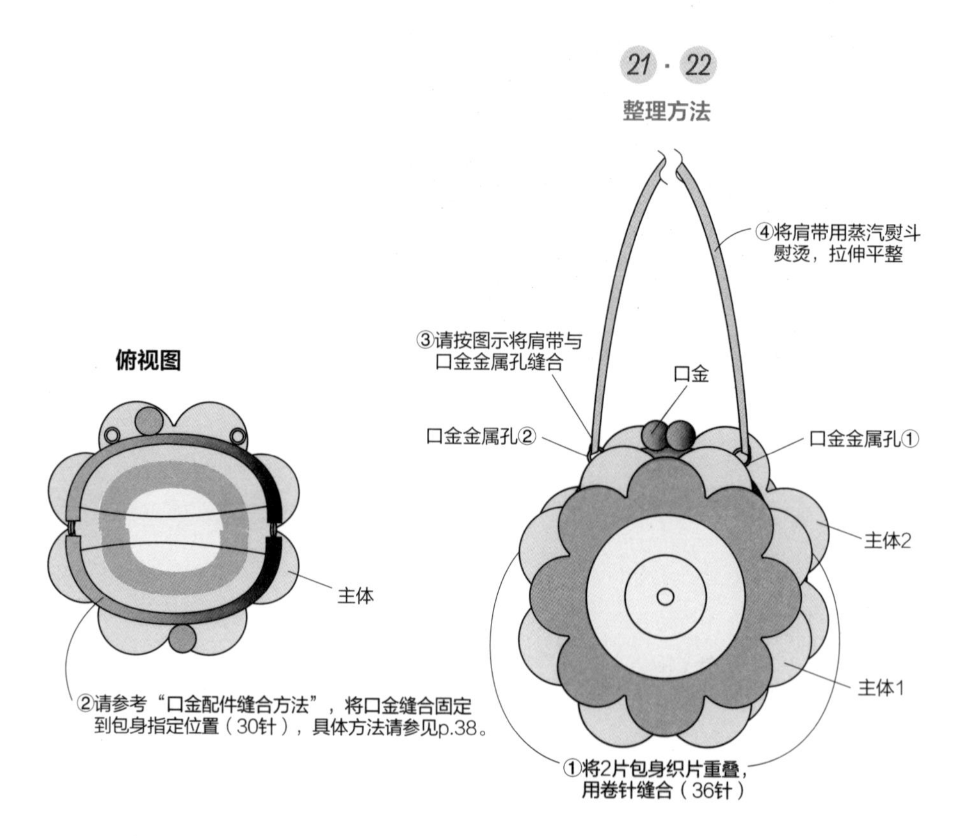

21・22 包身 各2片

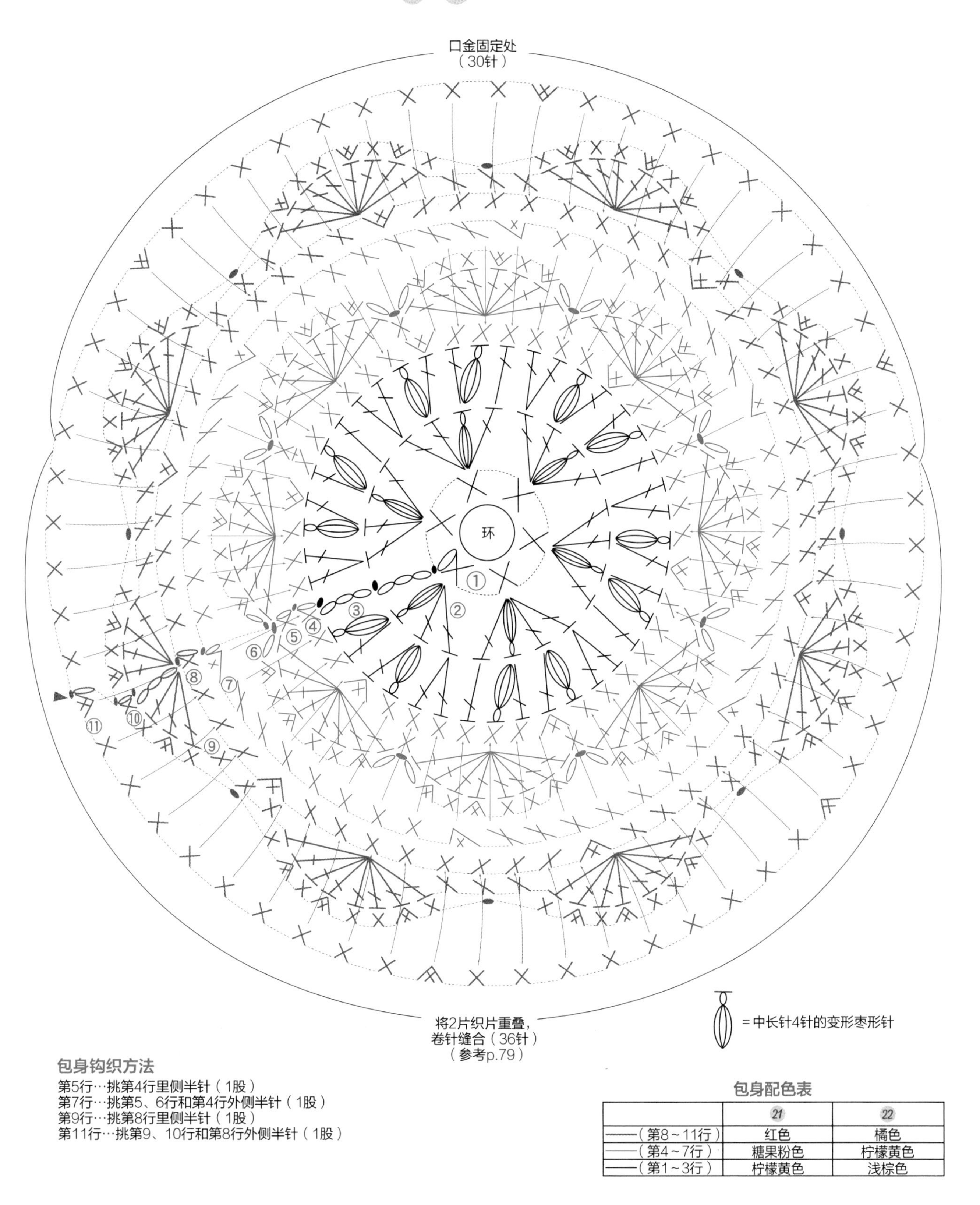

包身钩织方法

第5行…挑第4行里侧半针（1股）
第7行…挑第5、6行和第4行外侧半针（1股）
第9行…挑第8行里侧半针（1股）
第11行…挑第9、10行和第8行外侧半针（1股）

包身配色表

	21	22
——（第8~11行）	红色	橘色
——（第4~7行）	糖果粉色	柠檬黄色
——（第1~3行）	柠檬黄色	浅棕色

蜡笔&铅笔包包

照片图示 … *p.26*

★需准备材料

㉓ DARUMA　梦色木棉 / 米色（16）…48g、红色（9）…42g、黄色（4）…4g，20cm 拉链（红色）…1 根，缝合线（红色）…适量

㉔ DARUMA　梦色木棉 / 绿色（11）… 53g、奶油色（21）… 16g、米色（16）… 15g、橘色（3）和黑色（2）…各 2g，20cm 拉链（绿色）…1 根，缝合线（绿色）…适量

★针　钩针 5/0 号

★密度（10×10 平方厘米）短针 17 针×19 行

★成品尺寸　周长 23.5cm x 高 18cm（仅包身）

★钩织方法

（除指定部分外，㉓和㉔的钩法通用）

1 包身底部用环形起针，组合花样加针钩 9 行。接着钩侧面，不用加减针钩 19 行短针条纹花样。底部的第 4、6、8 行和侧面的第 1 行，都是挑前 1 行短针头部钩织。条纹的配色请参考配色表。

2 包盖用环形起针，短针条纹花样加针钩 16 行。条纹的配色请参考配色表。

3 肩带用锁针起 150 针，锁针周围包裹钩 1 行。

4 包盖和侧面的★处都用卷针缝合（参考 p.79）。在包盖和侧面装拉链的位置，缝合好拉链（参考 p.37）。将肩带缝合到包包侧面指定位置。

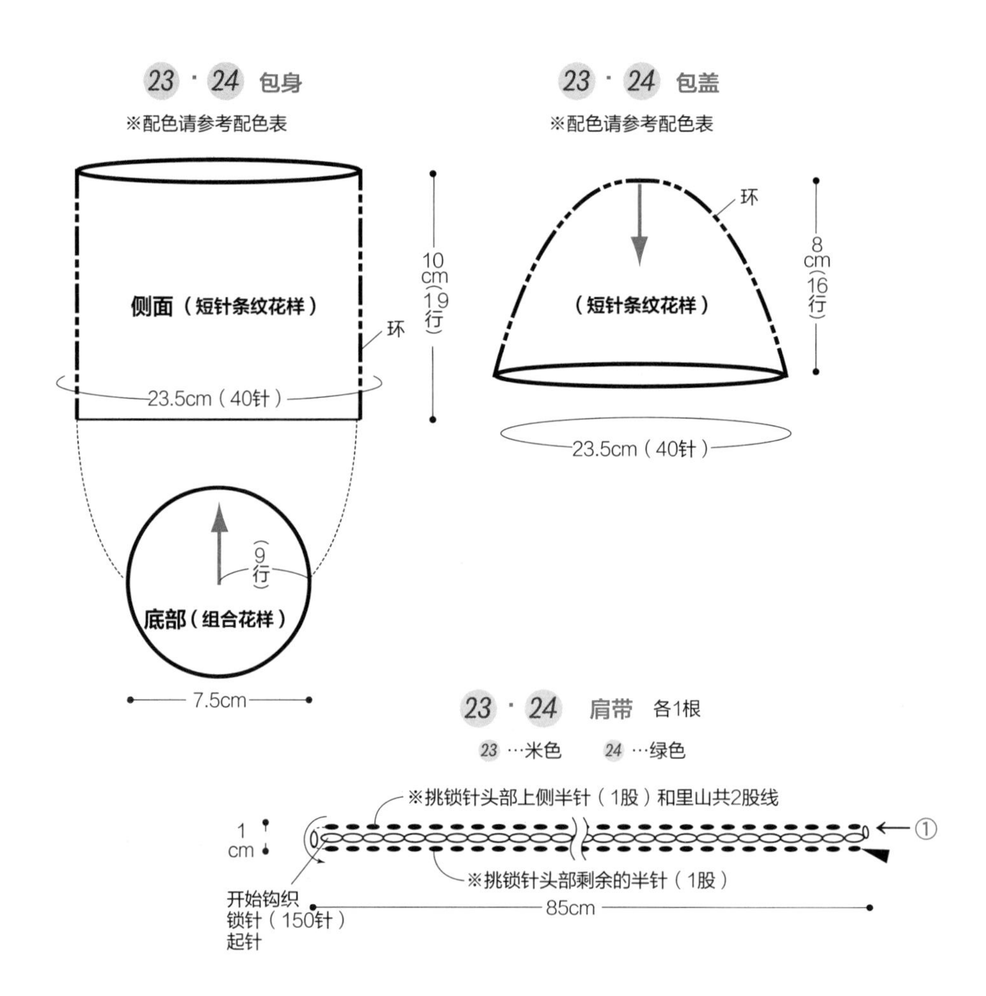

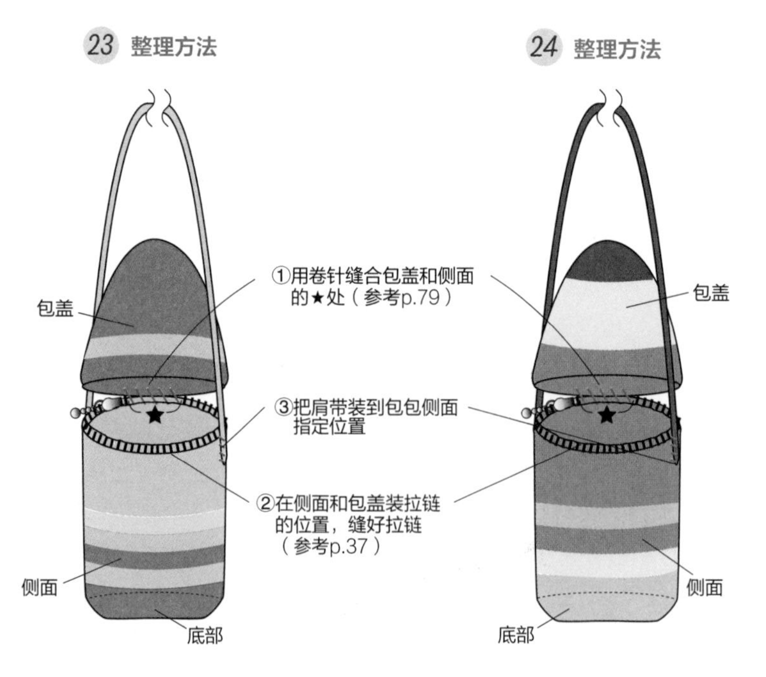

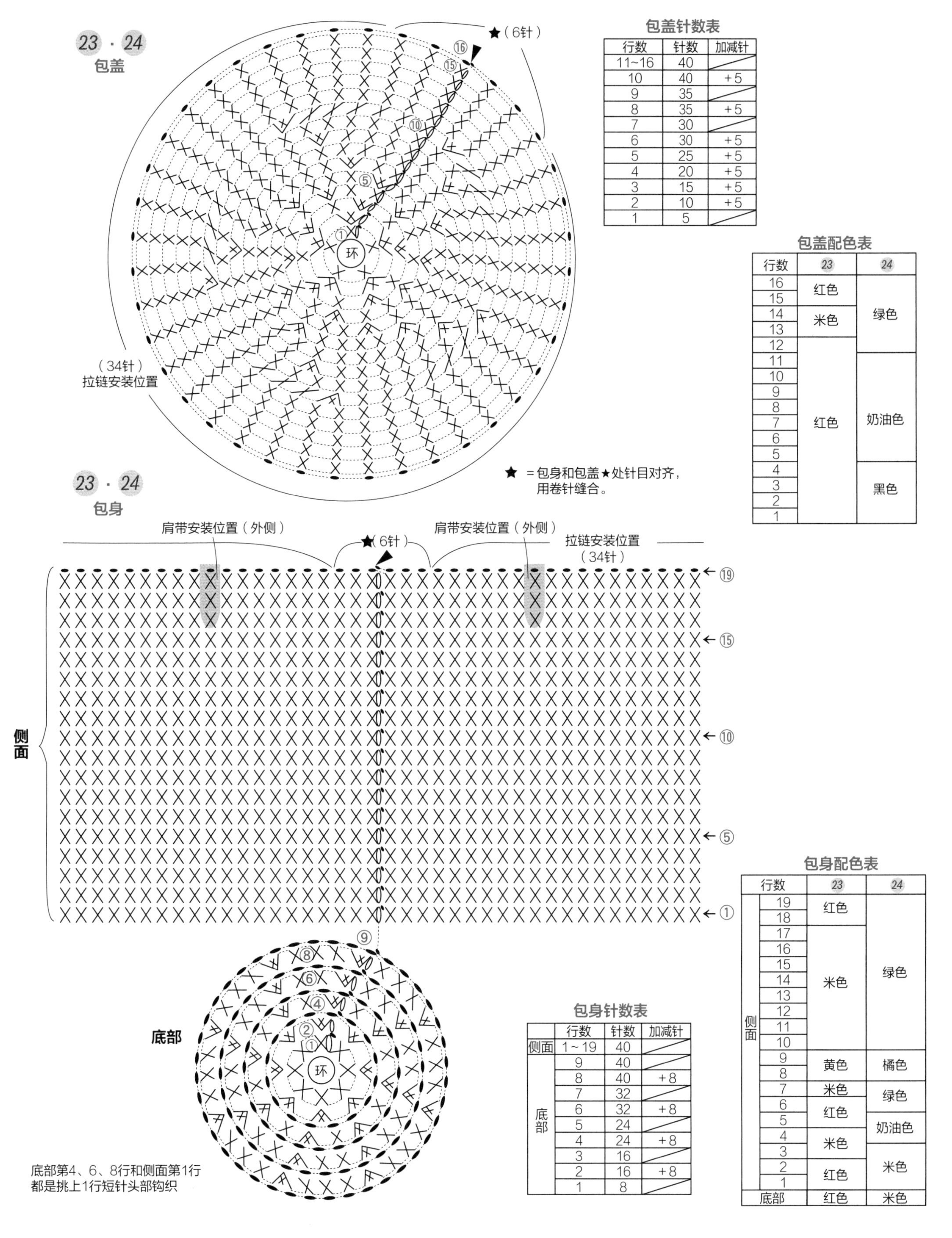

包盖针数表

行数	针数	加减针
11~16	40	
10	40	+5
9	35	
8	35	+5
7	30	
6	30	+5
5	25	+5
4	20	+5
3	15	+5
2	10	+5
1	5	

包盖配色表

行数	23	24
16	红色	绿色
15		
14	米色	
13		
12	红色	奶油色
11		
10		
9		
8		
7		
6		
5		
4		黑色
3		
2		
1		

包身针数表

	行数	针数	加减针
侧面	1～19	40	
底部	9	40	
	8	40	+8
	7	32	
	6	32	+8
	5	24	
	4	24	+8
	3	16	
	2	16	+8
	1	8	

包身配色表

行数		23	24
侧面	19	红色	绿色
	18		
	17	米色	
	16		
	15		
	14		
	13		
	12		
	11		
	10		
	9	黄色	橘色
	8		
	7	米色	绿色
	6	红色	
	5		奶油色
	4	米色	
	3		米色
	2	红色	
	1		
底部		红色	米色

小鱼包包

照片图示&重点课程 … p.32 & p.39

★需准备材料
㉙ 奥林巴斯 Emmy Grande (House) / 浅粉色（H5）…33g、粉色（H16）…21g、黄色（H5）…18g、黑色（H20）…1g
极细蜡线（白色）…40cm x 2根
㉚ 奥林巴斯 Emmy Grande (House) / 浅黄色（H21）…33g、绿色（H12）…21g、烟灰绿色（H7）…18g、黑色（H20）…1g
极细蜡线（白色）…40cm x 2根
★针 钩针 4/0号
★成品尺寸 周长22cm x 高18cm（仅包身）

★钩织方法
（㉙ 和 ㉚ 的钩织方法通用）
1 先钩包身。包身从鱼身尾部开始钩。环形起针，加针钩8行组合花样A。
2 接着鱼鳞部分的钩法请参考p.39，每2行换一次颜色，钩12行。
3 换上新线，钩鱼身上部，钩12行。
4 背鳍和腹鳍部分，在鱼身上部第1行的位置进针挂线。方向是从鱼身上半部分（最终行方向）向尾鳍（钩织开始处）方向进针。
5 尾鳍部分请参考“尾鳍的钩织方法”来钩7行。
6 肩带用锁针起220针，参照图示钩4行。
7 眼睛部分环形起针钩2行，并固定到指定位置。
8 将肩带缝合到包身指定位置。2根蜡线分别穿过鱼身上部标❶和❷的位置，穿出后线头打结。

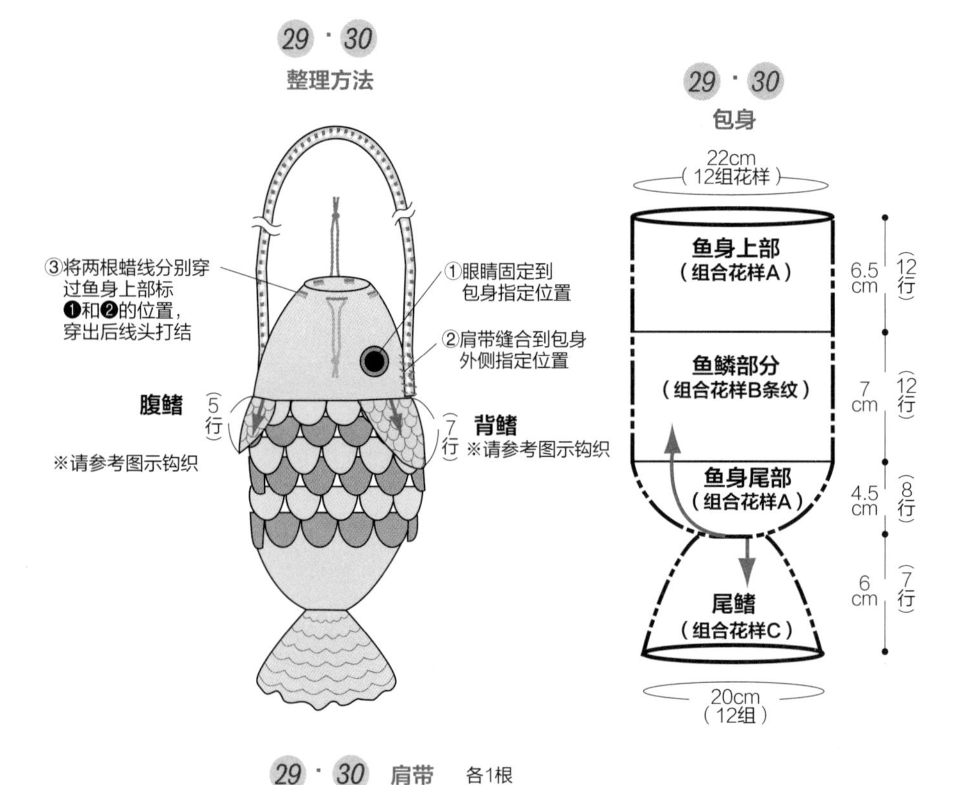

眼睛配色表

	29	30
——（第2行）	粉色	绿色
——（第1行）	黑色	黑色

鱼身针数表

	行数	针数	加针
鱼身上部	12	12组花样	
	1～11	60	
鱼鳞部分	1～12	10组花样	
鱼身尾部	8	60	+6
	7	54	+6
	6	48	+12
	5	36	+6
	4	30	+6
	3	24	+6
	2	18	+6
	1	12	

29 · 30 肩带 各1根

→④
←③
→②
←①
开始钩织
锁针（220针）起针
88cm
※第1行短针是挑锁针里山钩织

包身配色表

	29	30
（鱼鳞部分第3、4、7、8、11、12行）	黄色	烟灰绿色
（鱼鳞部分第1、2、5、6、9、10行）	粉色	绿色
——（鱼身尾部、鱼身上部、尾鳍、背鳍、腹鳍）	浅粉色	浅黄色

肩带配色表

	29	30
——（第3行）	粉色	绿色
——（第2行）	黄色	烟灰绿色
——（第1 · 4行）	浅粉色	浅黄色

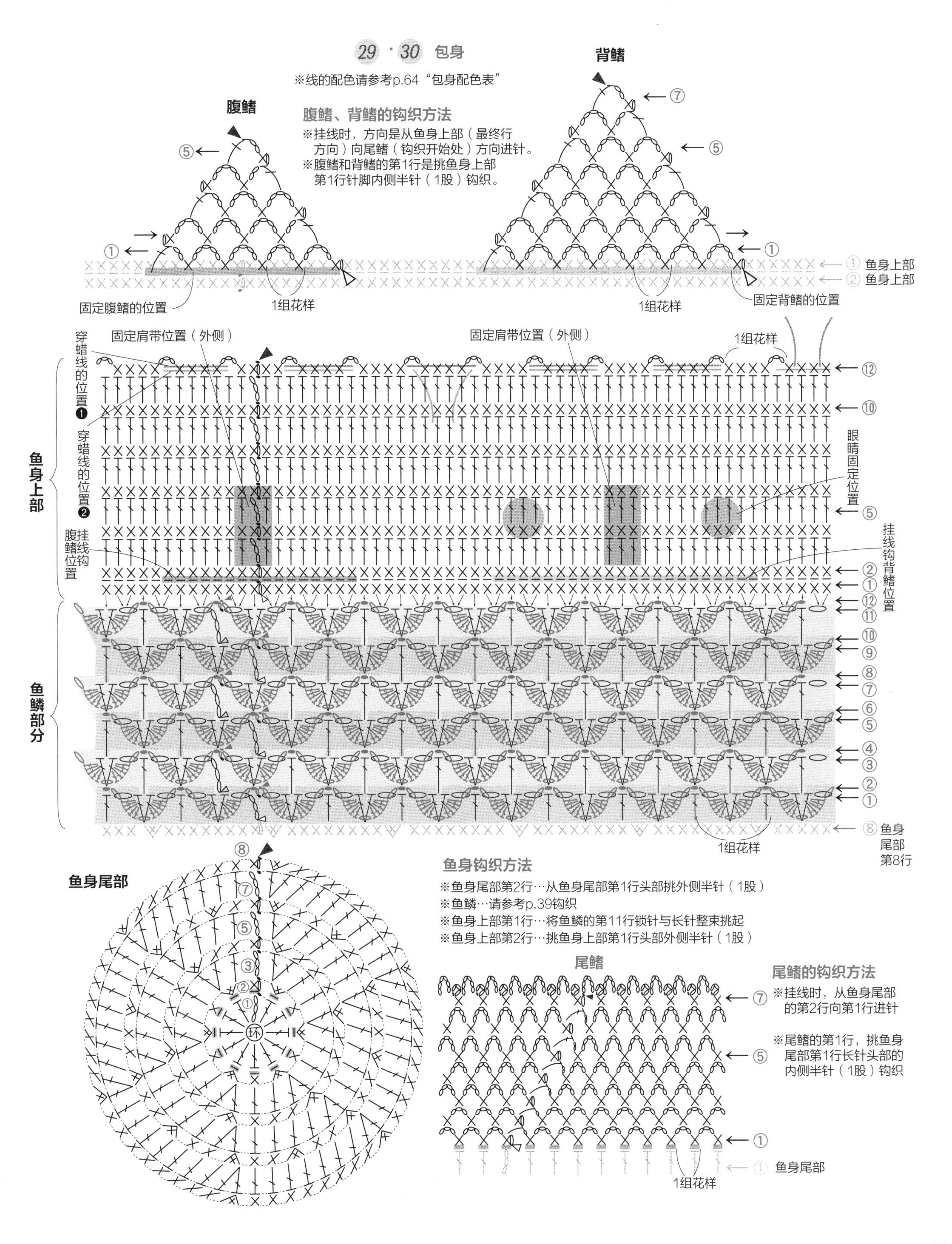

29 · 30 包身
※线的配色请参考p.64"包身配色表"
腹鳍
背鳍
腹鳍、背鳍的钩织方法
※挂线时，方向是从鱼身上部（最终行方向）向尾鳍（钩织开始处）方向进针。
※腹鳍和背鳍的第1行是挑鱼身上部第1行针脚内侧半针（1股）钩织。
①鱼身上部
②鱼身上部
固定腹鳍的位置
1组花样
固定背鳍的位置
固定肩带位置（外侧）
穿蜡线的位置❶
穿蜡线的位置❷
腹鳍挂线钩位置
眼睛固定位置
挂线钩背鳍位置
鱼身上部
鱼鳞部分
⑧鱼身尾部第8行
鱼身尾部
环
鱼身钩织方法
※鱼身尾部第2行…从鱼身尾部第1行头部挑外侧半针（1股）
※鱼鳞…请参考p.39钩织
※鱼身上部第1行…将鱼鳞的第11行锁针与长针整束挑起
※鱼身上部第2行…挑鱼身上部第1行头部外侧半针（1股）
尾鳍
尾鳍的钩织方法
※挂线时，从鱼身尾部的第2行向第1行进针
※尾鳍的第1行，挑鱼身尾部第1行长针头部的内侧半针（1股）钩织
①鱼身尾部
1组花样

杯子蛋糕包包

照片图示 ... p.34

★需准备材料

31 和麻纳卡　Ami Ami Cotton / 白色（1）… 65g、米色（17）… 56g、亮粉色（5）… 50g、深红色（24）… 7g、黄绿色（2）… 3g，极细蜡线（白色）… 60cm x 2 根

32 和麻纳卡　Ami Ami Cotton / 白色（1）… 62g、浅褐色（18）… 56g、淡蓝色（10）… 50g、红色（6）…8g，极细蜡线（黑色）…60cm x 2 根

★针　钩针 6/0 号

★成品尺寸　周长 14cm x 高 17cm（仅包身）

★钩织方法

（除指定部分外，31、32 的钩织方法通用）

1 钩包身底部。钩 6 针锁针，最开始那针引拔做出环形起针。接着用长针加针钩 4 行。

2 参考“侧面的钩织方法”钩 19 行包身侧面，注意组合花样和配色的变化。

3 31 参考图示钩草莓。32 参考图示钩樱桃。草莓和樱桃都钩好之后，将剩余线尾都塞入织片中。

4 肩带用锁针起针 156 针，参考图示钩 4 行。

5 将肩带缝合到包身指定位置。把蜡线分别穿过包身侧面第 19 行位置❶、❷，再将 4 股线头整理好，穿过 31 草莓织片和 32 樱桃织片的中心。最后将 4 股线头打结并整理好（请参考“蜡线整理方法”）。

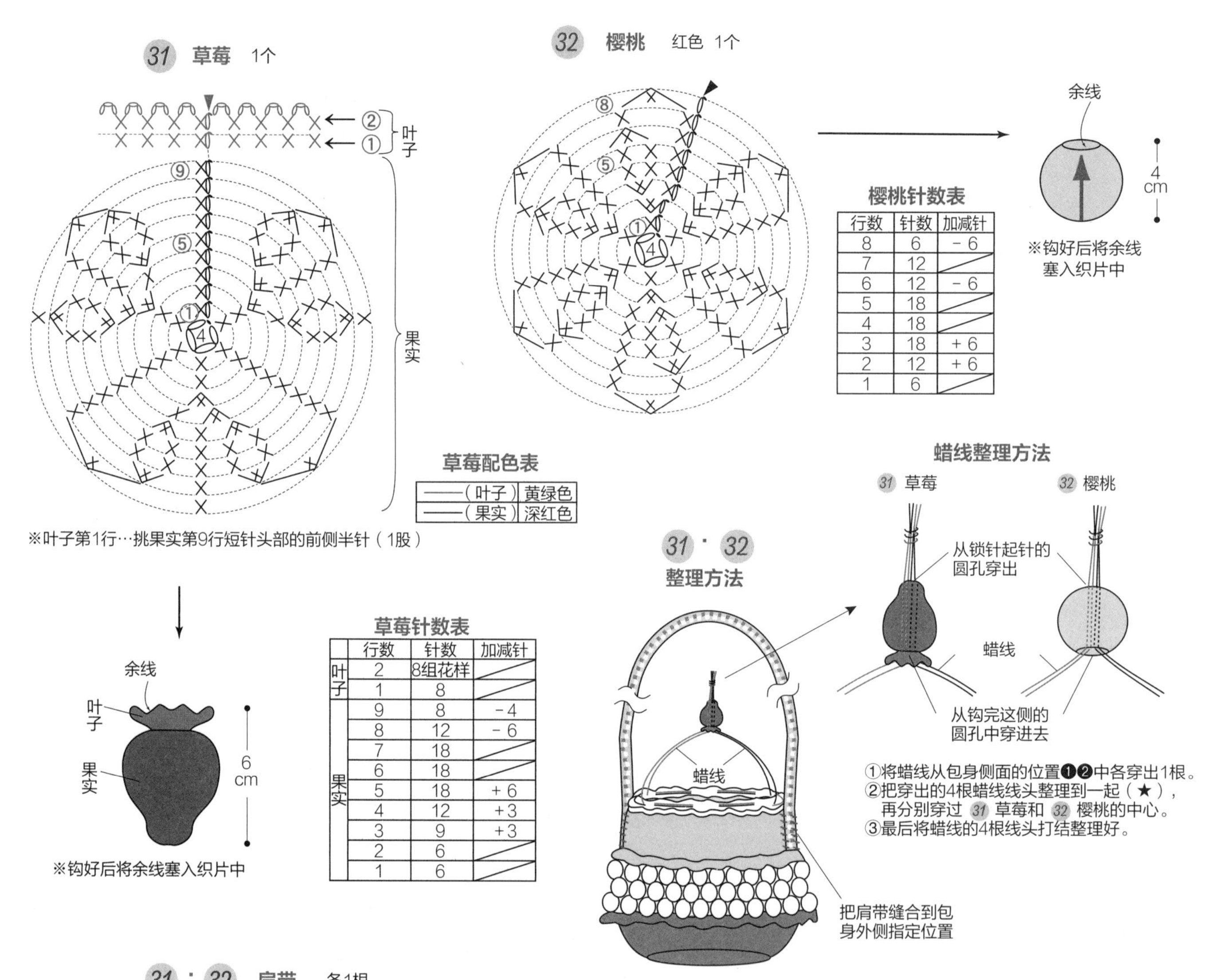

※叶子第1行…挑果实第9行短针头部的前侧半针（1股）

草莓配色表

——（叶子）	黄绿色
——（果实）	深红色

樱桃针数表

行数	针数	加减针
8	6	－6
7	12	
6	12	－6
5	18	
4	18	
3	18	＋6
2	12	＋6
1	6	

草莓针数表

	行数	针数	加减针
叶子	2	8组花样	
	1	8	
果实	9	8	－4
	8	12	－6
	7	18	
	6	18	
	5	18	＋6
	4	12	＋3
	3	9	＋3
	2	6	
	1	6	

31 · 32 肩带　各1根

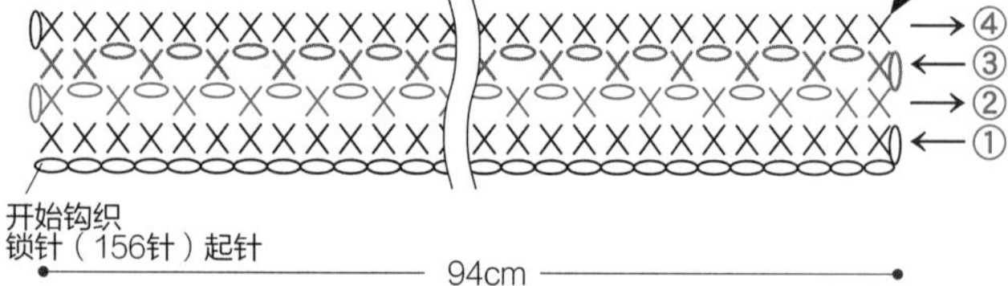

※第1行短针是挑锁针里山钩织

肩带配色表

	31	32
——（第3行）	米色	浅褐色
——（第2行）	白色	白色
——（第1、4行）	亮粉色	淡蓝色

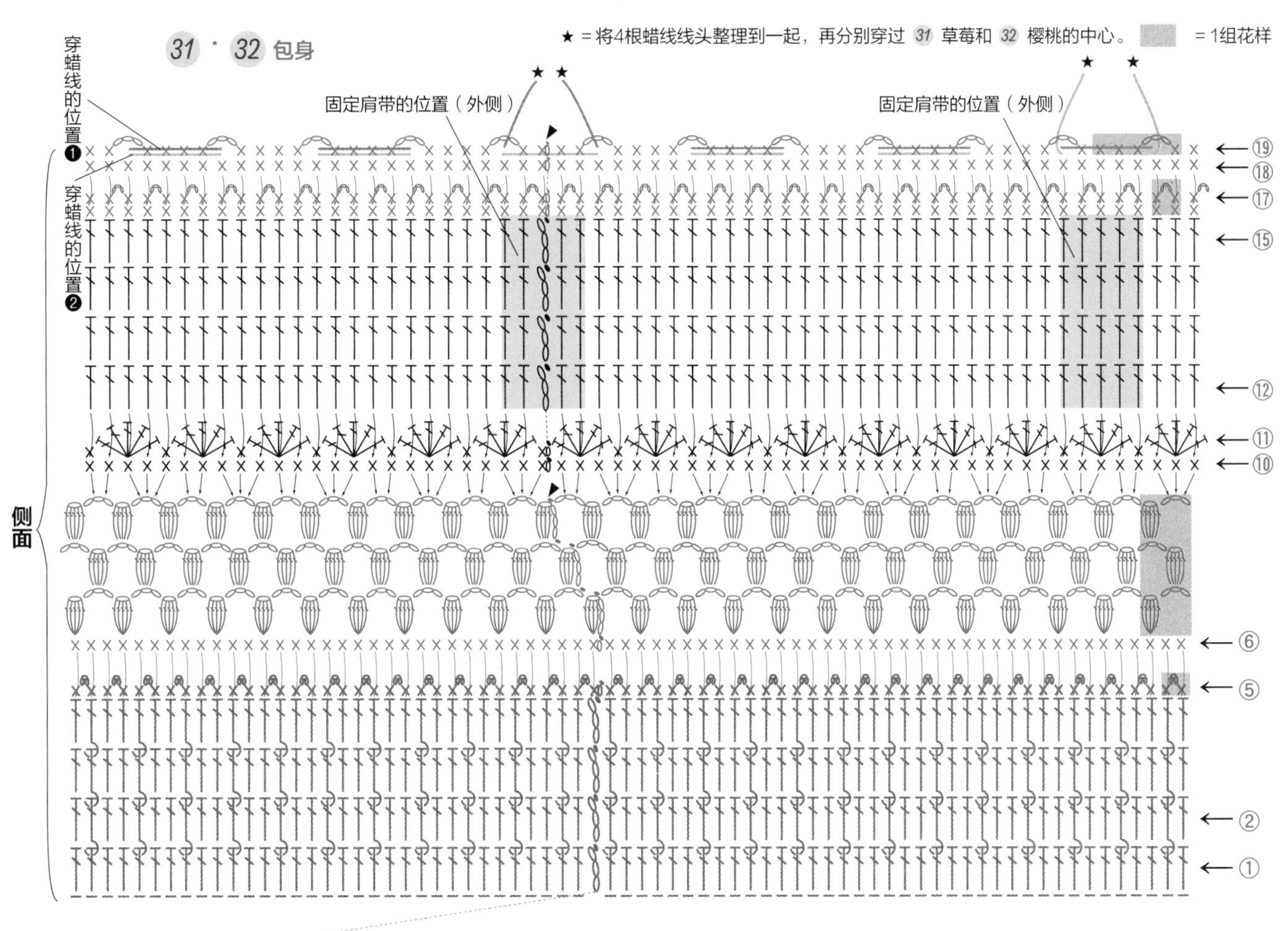

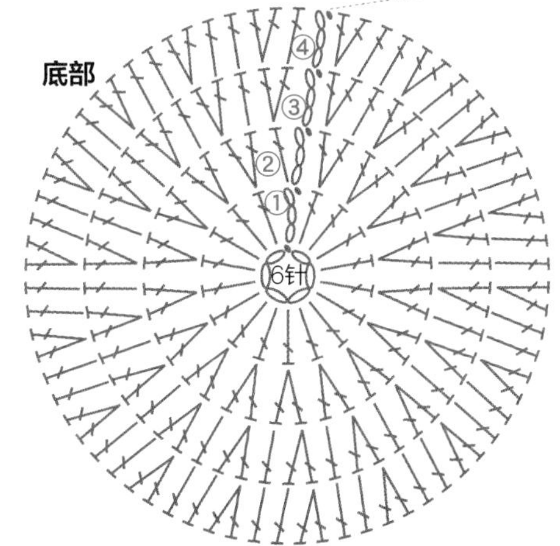

※底部的第一行将起针的锁针整束挑起钩织。

= 长针条纹针

= 外钩长针

= 长针5针的枣形针

侧面的钩织方法

第1行…挑底部第4行长针头部外侧半针（1股）
第5行…挑底部第4行长针头部内侧半针（1股）
第6行…挑底部第4行长针头部外侧半针（1股）
第10行…将侧面第9行锁针成束挑起钩织
第11行…挑侧面第10行短针头部内侧半针（1股）
第12行…挑侧面第10行短针头部外侧半针（1股）
第17行…挑侧面第16行短针头部内侧半针（1股）
第18行…挑侧面第16行短针头部外侧半针（1股）

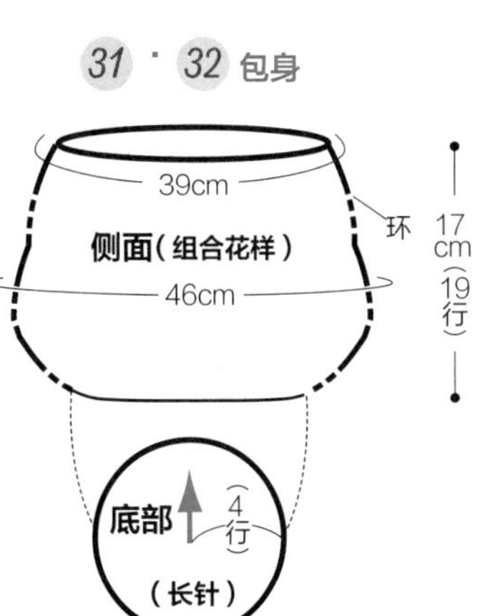

包身针数表·配色表

	行数	针数	加减针	31	32
侧面	19	12组花样		白色 (——)	白色 (——)
	18	60			
	17	30组花样			
	16	60			
	13～15	60		亮粉色 (——)	淡蓝色 (——)
	12	60			
	11	15组花样			
	10	60	－12		
	9	24组花样		白色 (——)	白色 (——)
	8	24组花样			
	7	24组花样			
	6	72			
	5	36组花样		米色 (——)	浅褐色 (——)
	1～4	72			
底部	4	72	＋18		
	3	54	＋18		
	2	36	＋18		
	1	18			

青蛙&企鹅包包

照片图示&重点课程 … p.30 & p.38

★需准备材料

27 和麻纳卡 Wash Cotton / 黄绿色（30）… 30g、淡蓝色（26）… 9g、红色（36）… 1g，口金（长约 7.5cm x 宽约 4cm）/ 银色(h207-004-2）…1 对，缝纫线(黄绿色）…适量，手工棉…适量

28 和麻纳卡 Wash Cotton / 钴蓝色（31）… 32g、灰色（20）… 3g、橘色（29）… 1g，口金（长约 7.5cm x 宽约 4cm）/ 银色（h207-004-2）…1 对，公仔眼睛（8mm）/ 黑色（H220-608-1）… 1 对，缝纫线（钴蓝色）…适量

★针　钩针 3/0 号

★密度　（10×10 平方厘米）组合花样 15 针 ×22 行

★成品尺寸　宽 8cm× 高 14cm(仅包身）

★钩织方法

（除指定部分外，27、28 的钩织方法通用）

1 27 的包身（青蛙背部）和 28 的包身（企鹅腹部）均用锁针起 15 针，参考图示钩 16 行。27 在指定位置用锁链绣刺绣。

2 27 的包身（青蛙背部）和 28 的包身（企鹅腹部）均用锁针起 15 针，参考图示钩 11 行。

3 请参照图示，分别钩出 27 的手部、腿部、眼周、眼珠、肩带部分（参考 p.38）。再参照图示，分别钩出 的翅膀 28 翅膀 B、腿部、喙部、肩带部分（参考 p.38）。

4 重叠包身的背部和腹部织片，在缝合处（57 针）卷针缝合（参考 p.79）。

5 将口金缝合到指定位置（参考 p.38）。

6 参考整理方法，将各部分织片一一缝合到包身上。

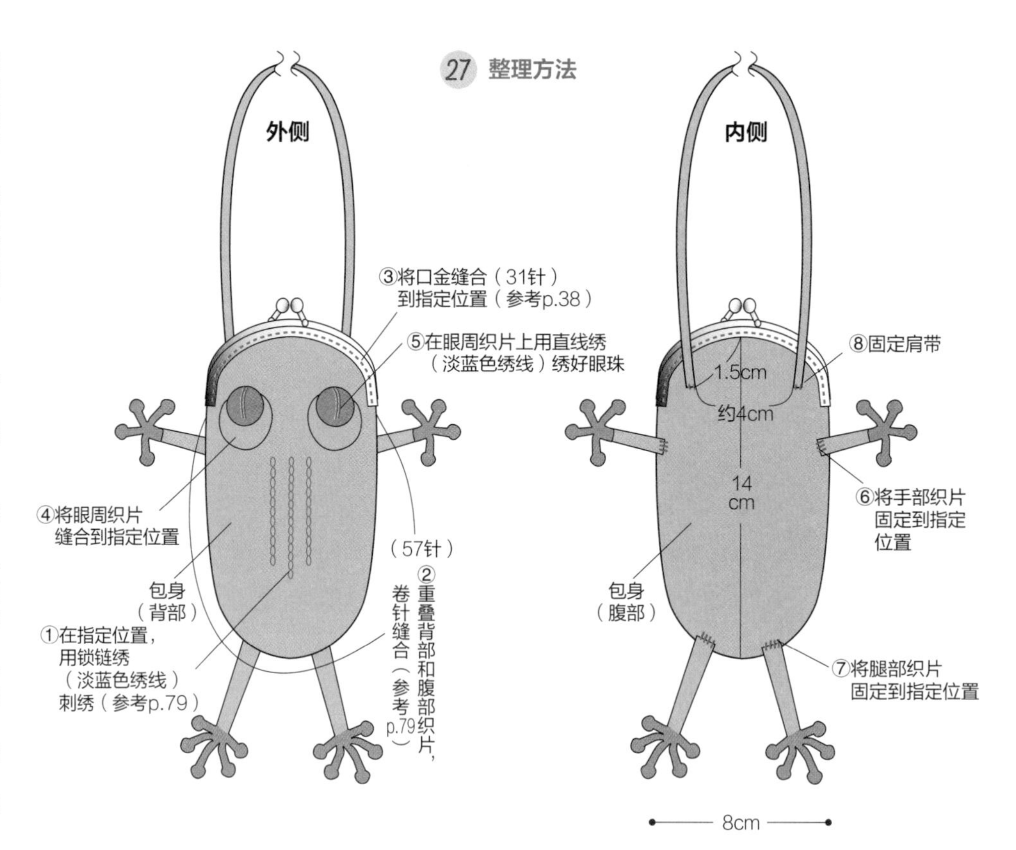

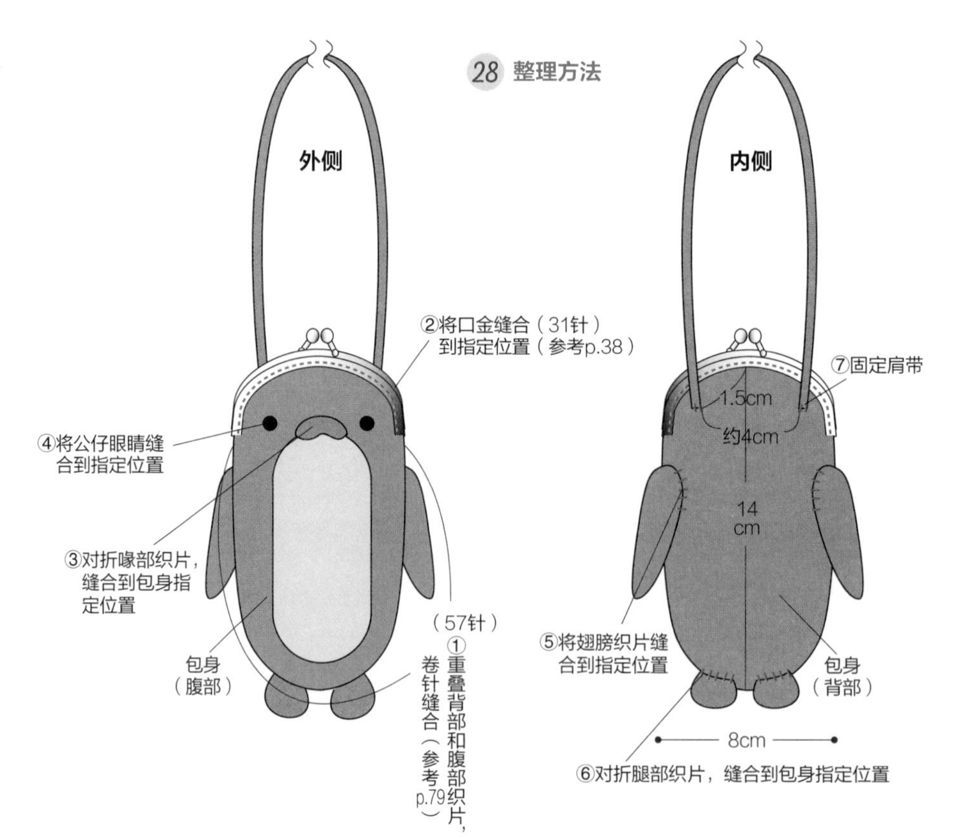

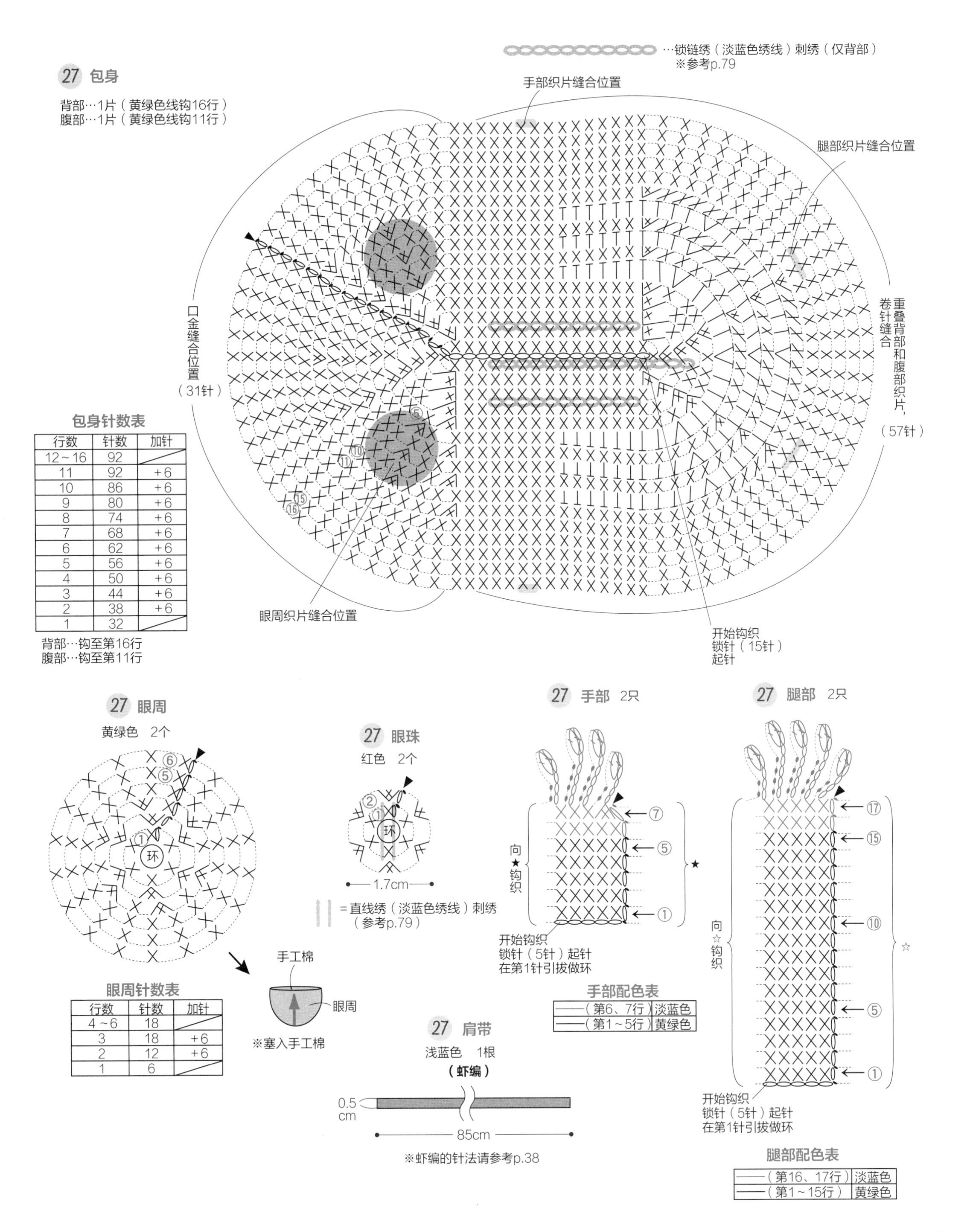

包身针数表

行数	针数	加针
12～16	92	
11	92	+6
10	86	+6
9	80	+6
8	74	+6
7	68	+6
6	62	+6
5	56	+6
4	50	+6
3	44	+6
2	38	+6
1	32	

眼周针数表

行数	针数	加针
4～6	18	
3	18	+6
2	12	+6
1	6	

手部配色表

——（第6、7行）	淡蓝色
——（第1～5行）	黄绿色

腿部配色表

——（第16、17行）	淡蓝色
——（第1～15行）	黄绿色

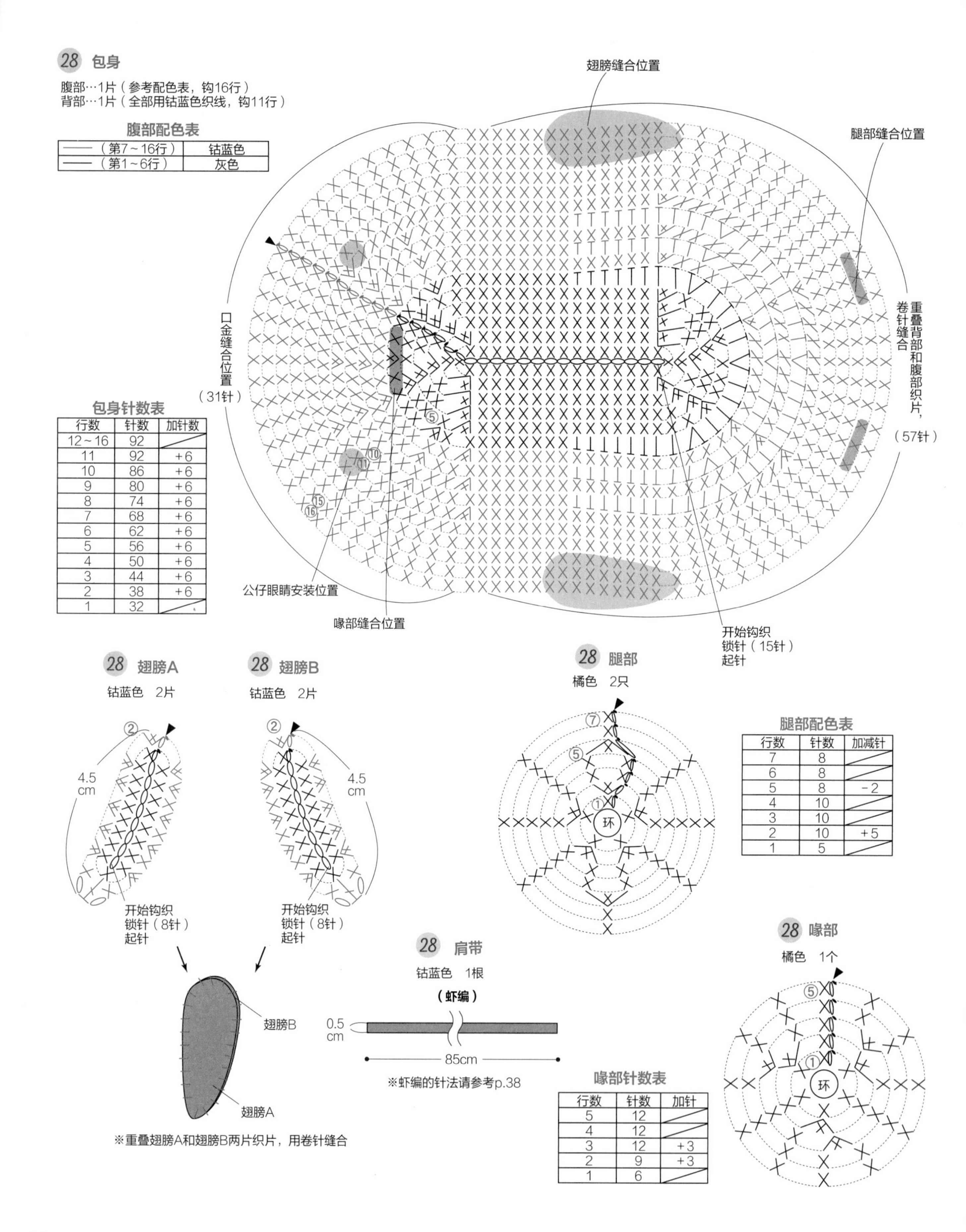

28 包身

腹部…1片（参考配色表，钩16行）
背部…1片（全部用钴蓝色织线，钩11行）

腹部配色表

——（第7～16行）	钴蓝色
——（第1～6行）	灰色

包身针数表

行数	针数	加针数
12～16	92	
11	92	+6
10	86	+6
9	80	+6
8	74	+6
7	68	+6
6	62	+6
5	56	+6
4	50	+6
3	44	+6
2	38	+6
1	32	

28 翅膀A

钴蓝色　2片

28 翅膀B

钴蓝色　2片

※重叠翅膀A和翅膀B两片织片，用卷针缝合

28 腿部

橘色　2只

腿部配色表

行数	针数	加减针
7	8	
6	8	
5	8	-2
4	10	
3	10	
2	10	+5
1	5	

28 肩带

钴蓝色　1根

（虾编）

※虾编的针法请参考p.38

28 喙部

橘色　1个

喙部针数表

行数	针数	加针
5	12	
4	12	
3	12	+3
2	9	+3
1	6	

彩条蛋糕包包　照片图示 … p.14

★需准备材料

⑪ 和麻纳卡　Ami Ami Cotton / 亮粉色（5）…47g、浅黄色（12）…42g、白色（1）…35g、粉色（13）…28g、深红色（24）…7g、黄绿色（2）…3g，极细油蜡线…70cm x 2根

⑫ 和麻纳卡　Ami Ami Cotton / 橘色（4）…49g、浅蓝色（9）…42g、白色（1）…39g、浅黄色（12）…28g、黄绿色（2）…4g，极细油蜡线…70cm x 2根

★针　钩针 6/0号

★成品尺寸　周长30cmx 高13.5cm（仅包身）

★钩织方法

（除指定部分外，⑪、⑫ 的钩织方法通用）

1 钩织包身的底部。钩6针锁针，与第1针引拔做环形起针。接着长针加针钩4行。第5行挑第4行的内侧半针，钩扇形花样，剪掉余线。

2 接着钩包身侧面①的7行，根据图示按指定颜色钩织，钩好后剪掉余线。

3 参考图示钩侧面②部分，缝合成筒状织片后，钩2行缘编织B。

4 将侧面②与侧面①第4行头部内侧半针卷针缝合。

5 接着钩7行奶油慕斯部分。

6 ⑪ 参照图示钩出草莓，将余线塞入草莓织片中。⑫ 参照图示钩出橘子和叶子。将草莓、橘子和叶子依次固定到奶油织片上。

7 肩带用锁针起156针，参考图示钩4行。

8 将肩带缝合到包身指定位置。

9 将单根油蜡线分别穿过指定位置，穿过奶油和草莓（或橘子）织片中心后，将4根线头束好打结。

⑪ 草莓　1个

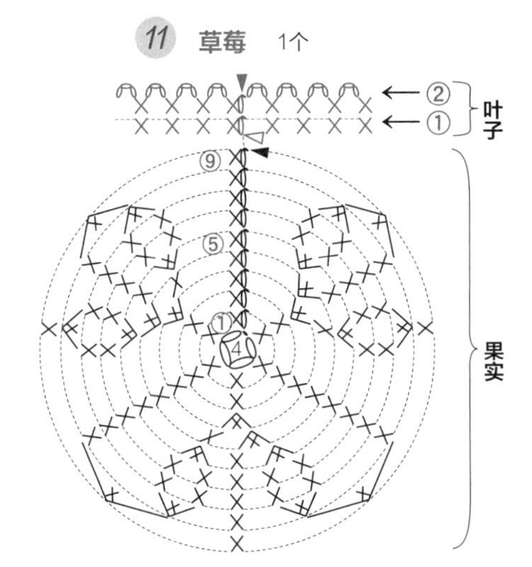

※叶子第1行…从果实第9行短针头部挑内侧半针

草莓配色表

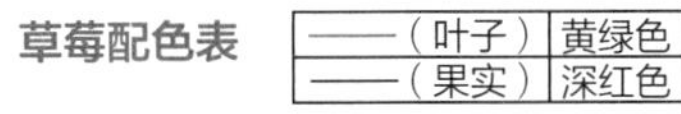

——（叶子）	黄绿色
——（果实）	深红色

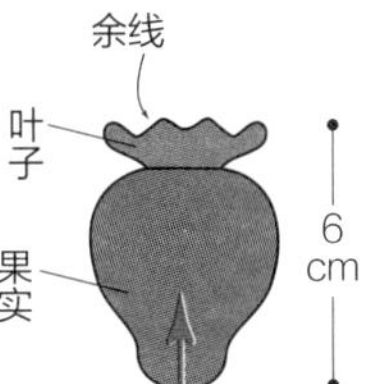

※钩完后，将余线塞进织片里

草莓针数表

	行数	针数	加减针
叶子	2	8组花样	
	1	8	
果实	9	8	－4
	8	12	－6
	7	18	
	6	18	
	5	18	+6
	4	12	+3
	3	9	+3
	2	6	
	1	6	

⑫ 橘子　2片

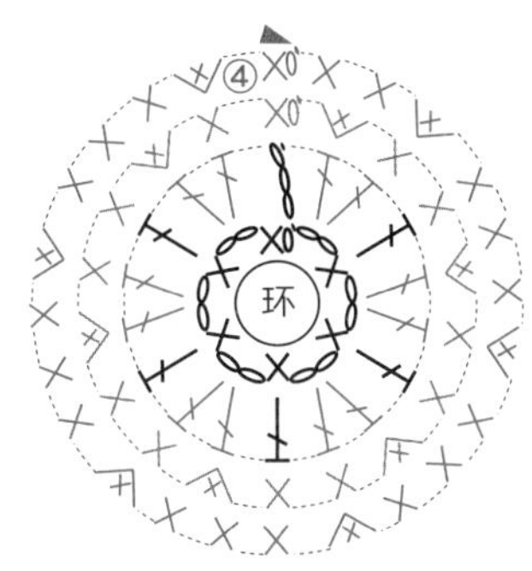

※橘子和叶子的整理方法请参考p.75

橘子配色表

行数	颜色
4	橘色 ——
3	浅黄色 ——
2	橘色 —— 白色 ——
1	白色 ——

⑫ 叶子　黄绿色 2片

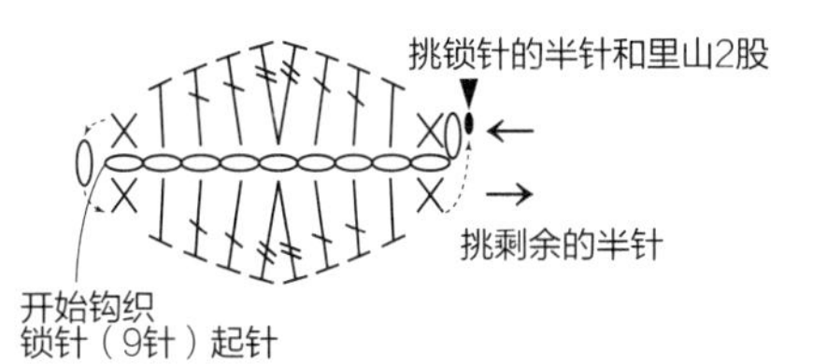

※ ⑫ 橘子和叶子的整理方法、⑪・⑫ 包包的整理方法参考p.75

⑪・⑫ 奶油慕斯（将反面当作正面使用）

奶油慕斯

白色

7行

（短针）

12cm

奶油慕斯针数表

行数	针数	加针
7	9组花样	
6	36	
5	36	+6
4	30	+6
3	24	+6
2	18	+6
1	12	

⑪・⑫ 肩带　各1根

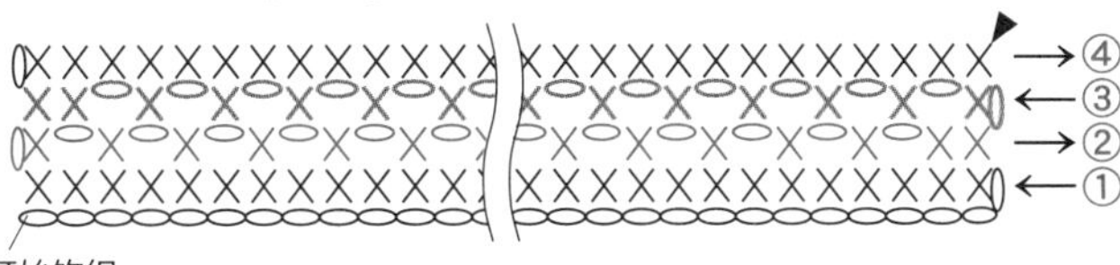

开始钩织
锁针（156针）起针

94cm

※第1行的短针是挑锁针里山钩织

肩带配色表

	⑪	⑫
——（第3行）	浅黄色	浅蓝色
——（第2行）	粉色	浅黄色
——（第1、4行）	亮粉色	橘色

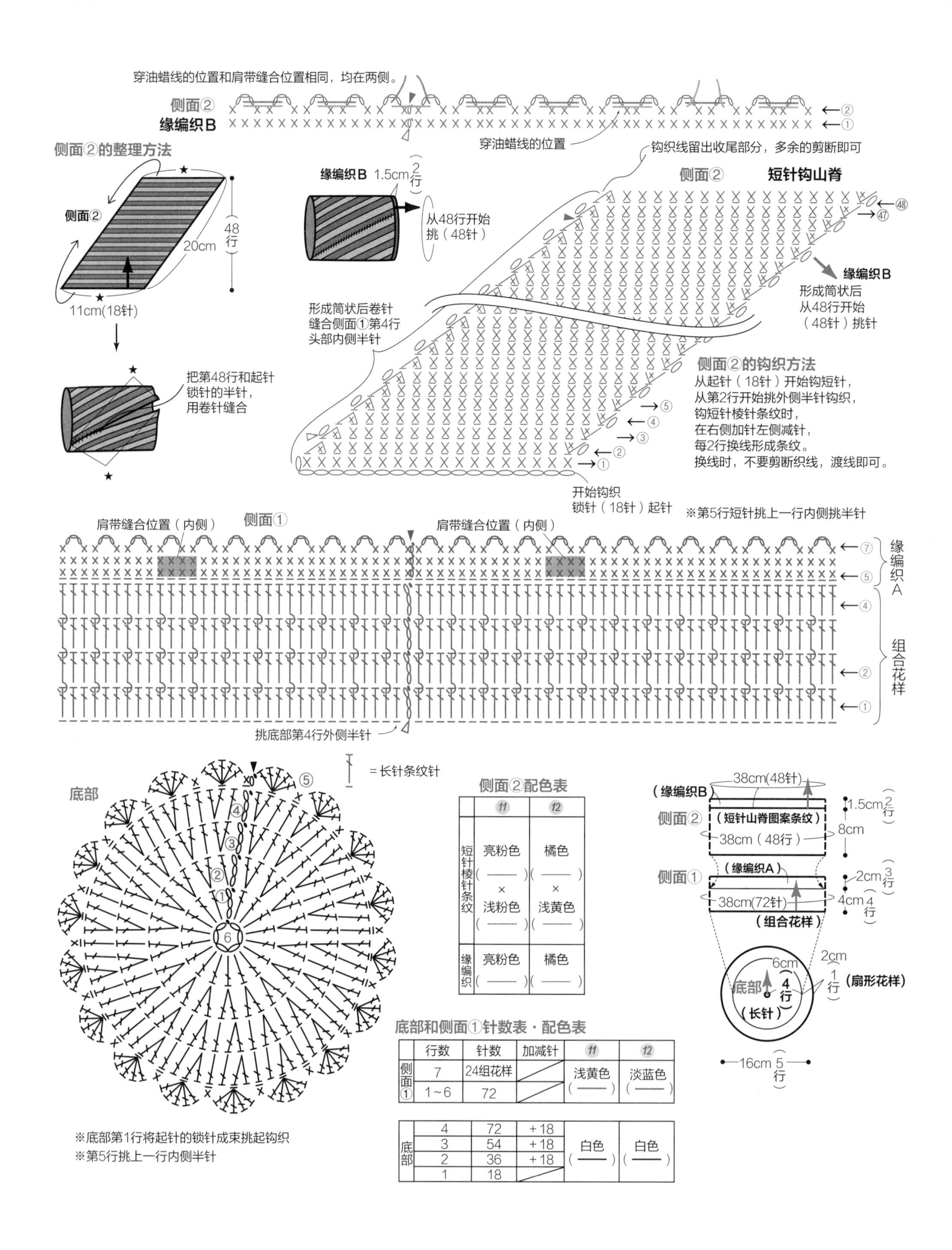

侧面②配色表

	11	12
短针棱针条纹	亮粉色（——）×浅粉色（——）	橘色（——）×浅黄色（——）
缘编织	亮粉色（——）	橘色（——）

底部和侧面①针数表·配色表

	行数	针数	加减针	11	12
侧面①	7	24组花样		浅黄色（——）	淡蓝色（——）
	1~6	72			
底部	4	72	+18	白色（——）	白色（——）
	3	54	+18		
	2	36	+18		
	1	18			

刺猬包包　照片图示 … p.28

★需准备材料

25 和麻纳卡　Ami Ami Cotton / 浅褐色（18）… 40g、象牙色（16）… 20g、黄绿色（2）… 15g、米色（17）…8g、白色（1）…5g、黄色（3）…2g、黑色（20）…少许

和麻纳卡　Cotton Nottoc / 淡茶色（8）… 15g、浅褐色（9）…15g，和麻纳卡 公仔眼睛（8mm）/ 黑色（H220-608-1）…2 个，按扣（14mm）…1 组

26 和麻纳卡　Ami Ami Cotton / 米色（17）… 40g、白色（1）…20g、黄色（3）…15g、象牙色（16）… 8g、红色（6）…5g、黑色（20）…3g

和麻纳卡　Cotton Nottoc / 米色（7）…15g，淡茶色（8）…15g，和麻纳卡 公仔眼睛（8mm）/ 黑色（H220-608-1）…2 个，按扣（14mm）…1 组

★针　钩针 6/0 号

★成品尺寸　宽 18cm × 高 13.5cm（仅包身）

★钩织方法

（25、26 的钩织方法通用）

（除刺猬背部的刺以外，其他部分都采用和麻纳卡 Ami Ami Cotton 编织）

1 钩包身时，请按图示选取颜色合适的配线，按鼻子、嘴巴、身体、身体四周的顺序钩织。

2 接着从四肢指定位置钩到背部侧面，在钩的过程中用短针和短针棱针边减针边钩。然后在指定位置挂线，从背部挑针开始钩背部周围第 1 行。另一侧的背部织片，也用同样的方法来编织。

3 在背部织片钩好后，用 Cotton Nottoc 钩出刺猬刺的纹样。

4 背部织片两端分别用 12 针卷针缝合。

5 钩出腿部、尾巴、耳朵等织片，缝合到指定位置。

6 钩出肩带，在指定位置用半剖线缝合。

7 25 钩出 2 片花朵织片，缝合到肩带上。26 钩出 2 片瓢虫织片，缝合到肩带上。

8 钩好按扣纽襻，固定到背部单侧，再将按扣凸面和凹面分别缝合到指定位置。

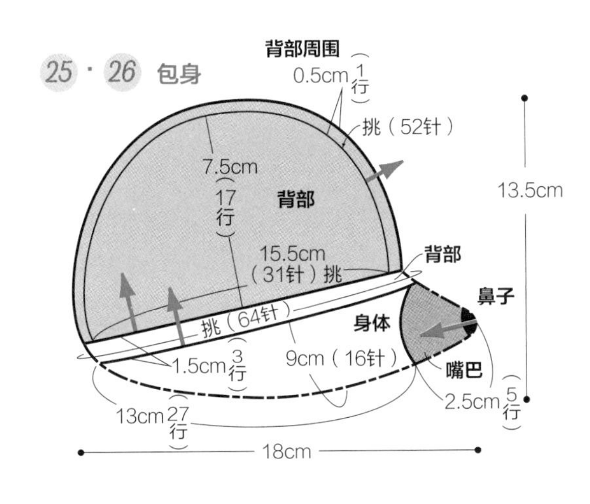

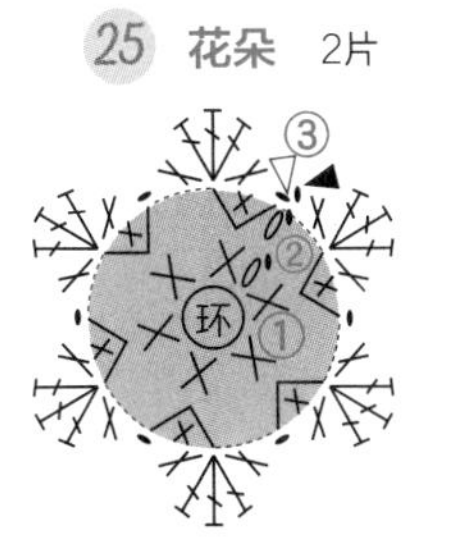

花朵针数和配色表

行数	针数	配色
3	6组花样	白色
2	12	黄色
1	6	

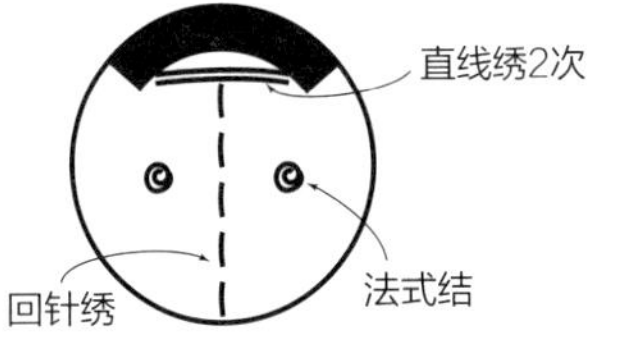

瓢虫针数表

行数	针数	加针
3	18	+6
2	12	+6
1	6	

第3行
13针…红色
5针…黑色

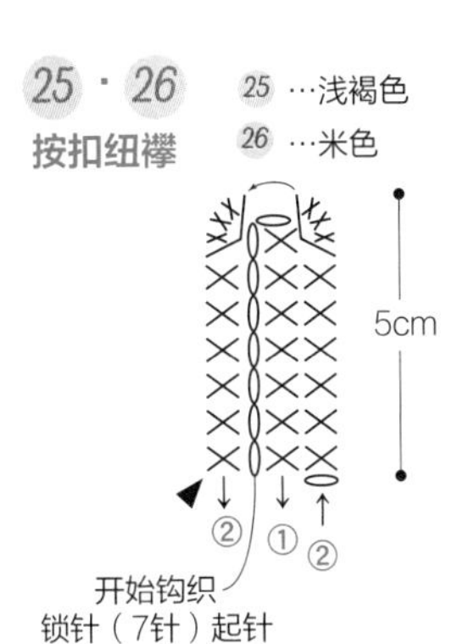

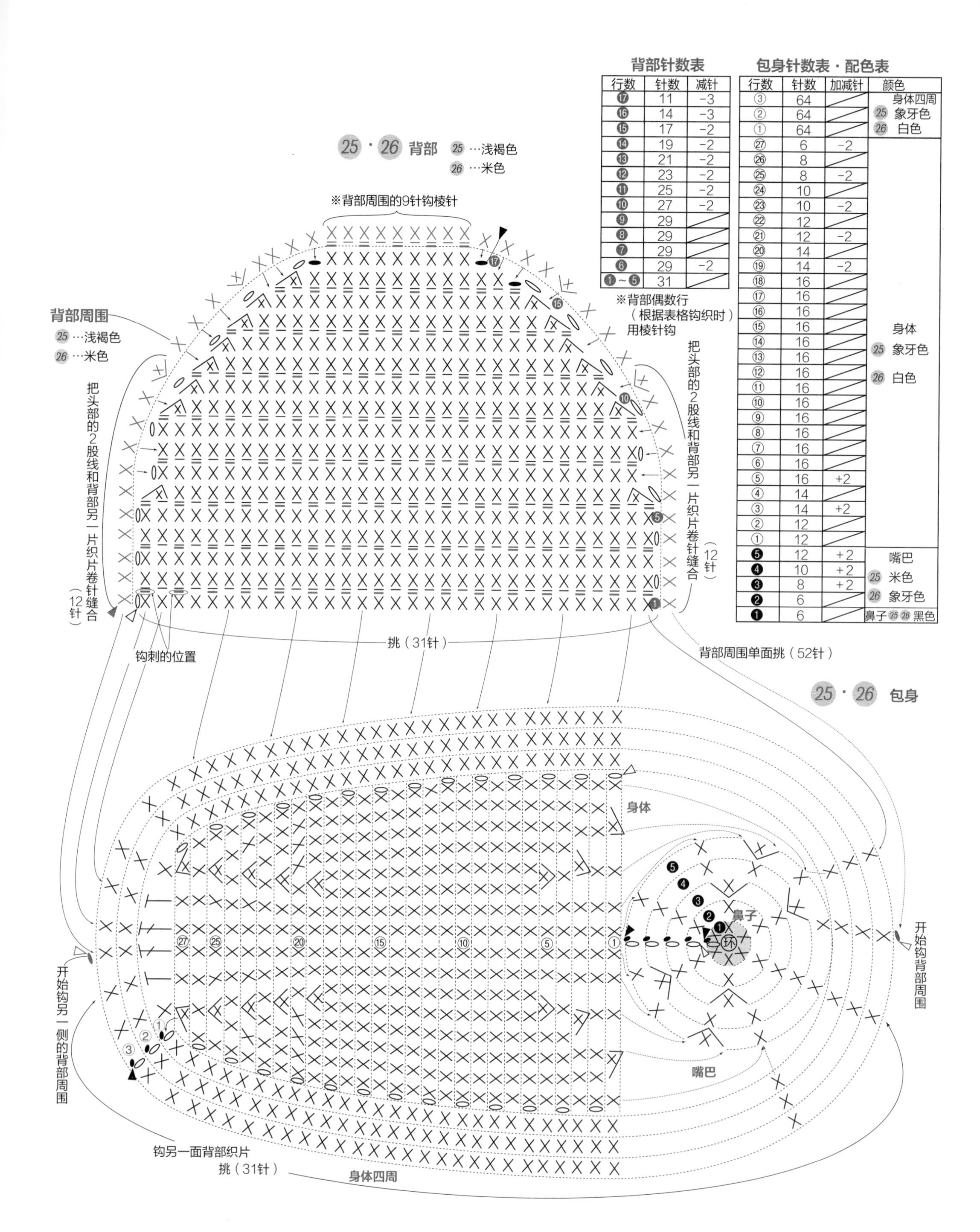

背部针数表

行数	针数	减针
⓱	11	-3
⓰	14	-3
⓯	17	-2
⓮	19	-2
⓭	21	-2
⓬	23	-2
⓫	25	-2
❿	27	-2
❾	29	
❽	29	
❼	29	
❻	29	-2
❶~❺	31	

包身针数表·配色表

行数	针数	加减针	颜色
③	64		身体四周 25 象牙色 26 白色
②	64		
①	64		
㉗	6	-2	身体 25 象牙色 26 白色
㉖	8		
㉕	8	-2	
㉔	10		
㉓	10	-2	
㉒	12		
㉑	12	-2	
⑳	14		
⑲	14	-2	
⑱	16		
⑰	16		
⑯	16		
⑮	16		
⑭	16		
⑬	16		
⑫	16		
⑪	16		
⑩	16		
⑨	16		
⑧	16		
⑦	16		
⑥	16		
⑤	16	+2	
④	14		
③	14	+2	
②	12		
①	12		
❺	12	+2	嘴巴 25 米色 26 象牙色
❹	10	+2	
❸	8	+2	
❷	6		
❶	6		鼻子 25 26 黑色

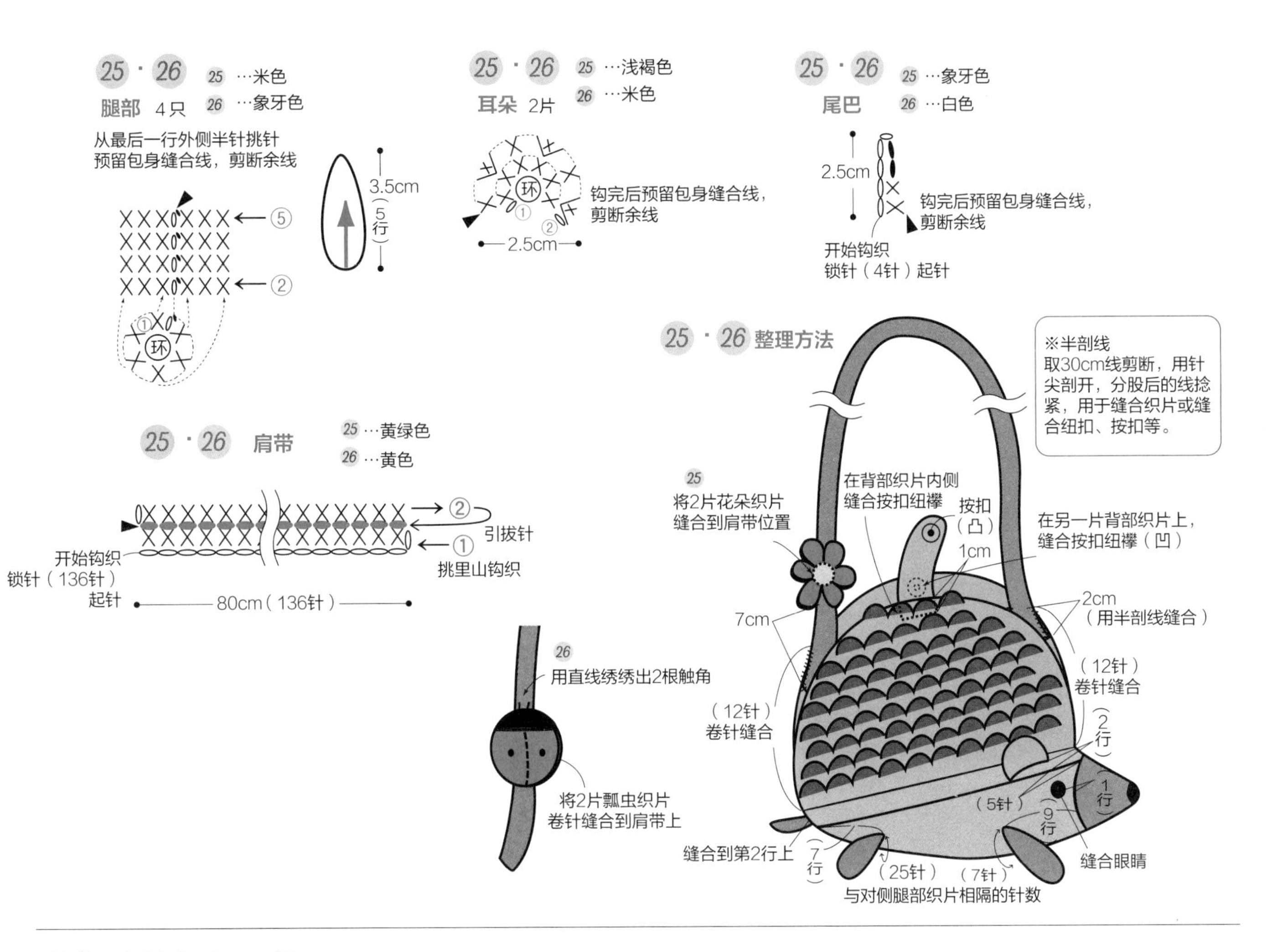
25 · 26
腿部 4只
25 …米色
26 …象牙色
从最后一行外侧半针挑针
预留包身缝合线，剪断余线
⑤
②
①
环
3.5cm
5行
25 · 26
耳朵 2片
25 …浅褐色
26 …米色
环
①
②
2.5cm
钩完后预留包身缝合线，
剪断余线
25 · 26
尾巴
25 …象牙色
26 …白色
2.5cm
钩完后预留包身缝合线，
剪断余线
开始钩织
锁针（4针）起针
25 · 26 整理方法
※半剖线
取30cm线剪断，用针尖剖开，分股后的线捻紧，用于缝合织片或缝合纽扣、按扣等。
25 · 26 肩带
25 …黄绿色
26 …黄色
②
①
引拔针
挑里山钩织
开始钩织
锁针（136针）
起针
80cm（136针）
25
将2片花朵织片
缝合到肩带位置
在背部织片内侧
缝合按扣纽襻
按扣
（凸）
1cm
在另一片背部织片上，
缝合按扣纽襻（凹）
2cm
（用半剖线缝合）
7cm
（12针）
卷针缝合
（12针）
卷针缝合
2行
1行
（5针）
9行
缝合到第2行上
7行
（25针）
（7针）
与对侧腿部织片相隔的针数
缝合眼睛
26
用直线绣绣出2根触角
将2片瓢虫织片
卷针缝合到肩带上

彩条蛋糕包包　续

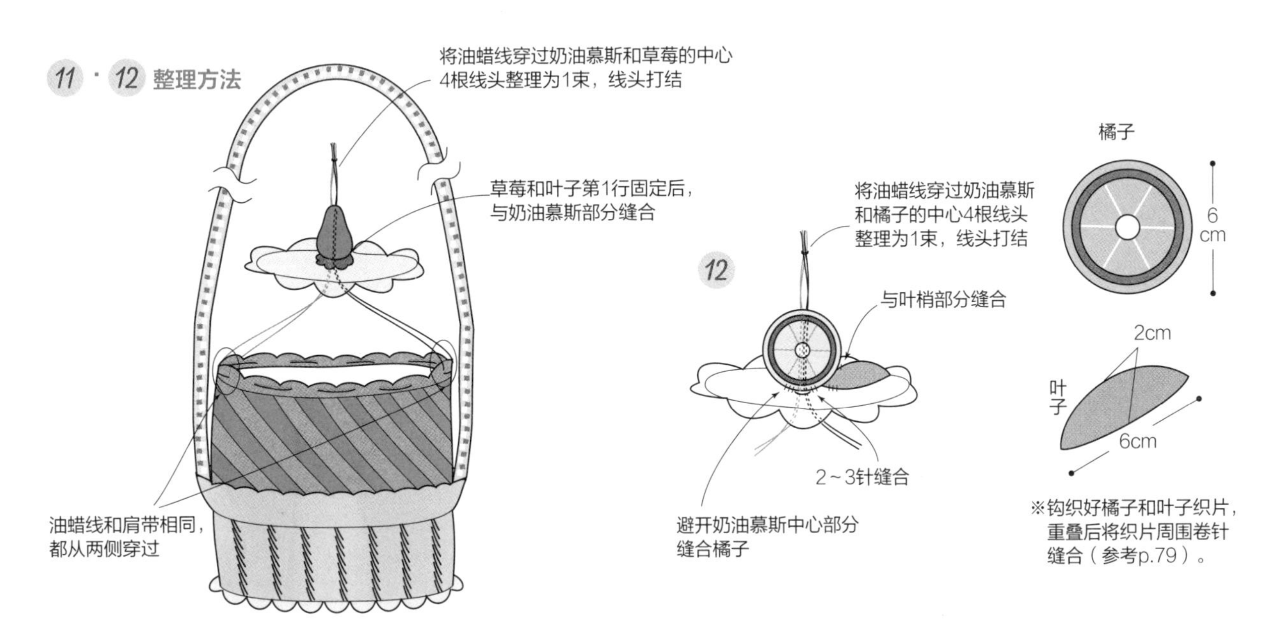
11 · 12 整理方法
将油蜡线穿过奶油慕斯和草莓的中心
4根线头整理为1束，线头打结
草莓和叶子第1行固定后，
与奶油慕斯部分缝合
油蜡线和肩带相同，
都从两侧穿过
12
将油蜡线穿过奶油慕斯
和橘子的中心4根线头
整理为1束，线头打结
与叶梢部分缝合
2～3针缝合
避开奶油慕斯中心部分
缝合橘子
橘子
6cm
2cm
叶子
6cm
※钩织好橘子和叶子织片，
重叠后将织片周围卷针
缝合（参考p.79）。

钩针编织基础

符号图表示方法

本书符号图遵循日本工业规格(JIS)，均呈现正面视角。除引拔针外，不区分正反针。如遇正反两面交替钩平针的情况时，符号示意图也不变。

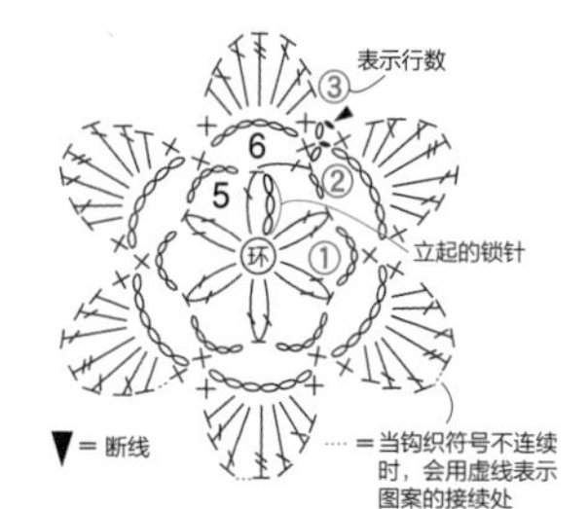

从中心向外呈环形钩织时

绕一个线圈（或钩锁针）作为圆心，逐行钩织圆形。各行从同一位置开始钩织。基本上，这一类型的符号图都以正面为准，按逆时针方向钩织。

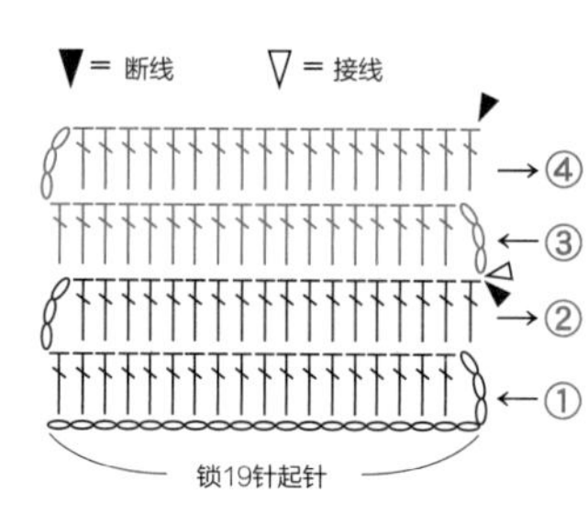

片织的情况

片织时，左右两侧都可以开始钩织。因此如果从右侧开始钩织，请将织片的正面朝向自己，按从右往左的方向钩。如果从左侧开始钩织，则将织片的反面朝向自己，按从左往右的方向钩。图中表示在第 3 行换色。

针和线的拿法

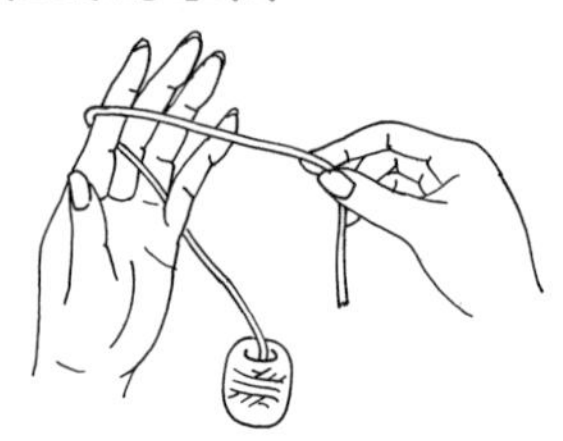

1
把线穿过左手无名指和小指之间，然后绕在食指上，置于靠上的位置。

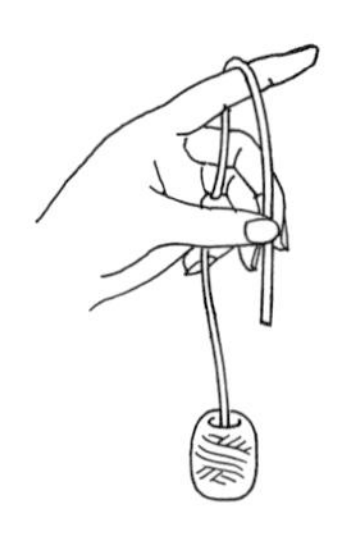

2
大拇指和中指捏住线头，食指绷紧线。

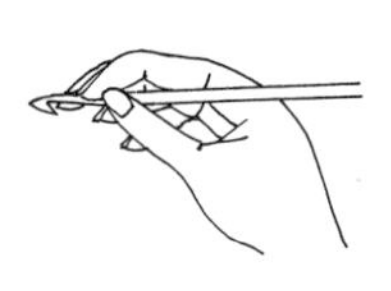

3
大拇指和食指捏住钩针，中指轻扶钩针前端。

基本针的起针方法

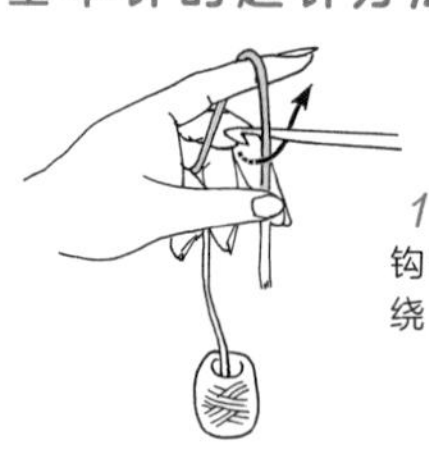

1
钩针按图示箭头方向绕 1 圈。

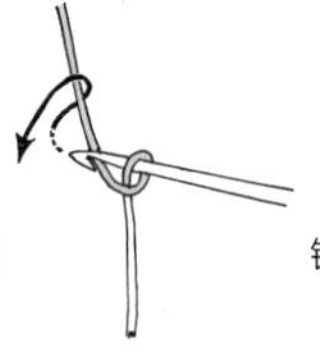

2
钩针挂线。

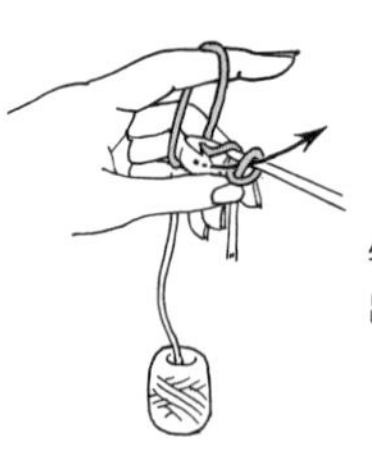

3
针挂线后，朝向自己拉出线圈。

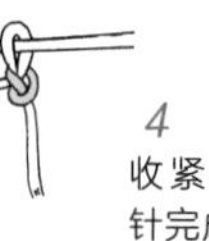

4
收紧线圈，基本针起针完成（此针不计为第1针）。

起针

从中心开始做环状钩织
（绕线作环）

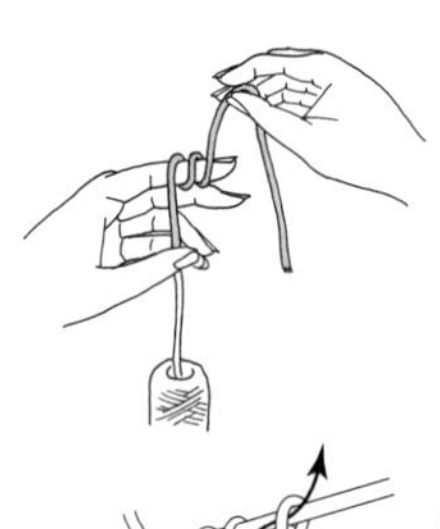

1
把线在左手食指上绕 2 圈，做成线圈。

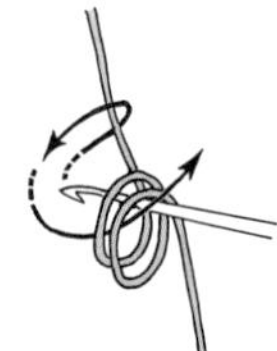

2
取下手指上的线圈，把钩针插入线圈中，钩针挂线按图示箭头拉出。

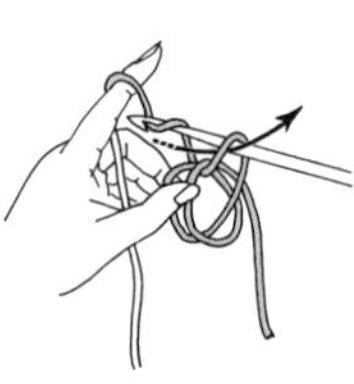

3
钩针挂线拉出，完成 1 针立起的锁针。

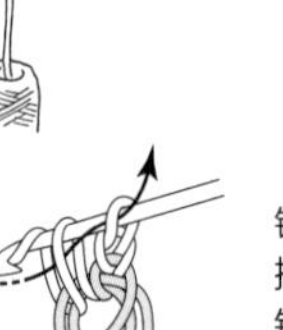

4
钩第 1 行时，将钩针插入线圈，钩所需针数的短针。

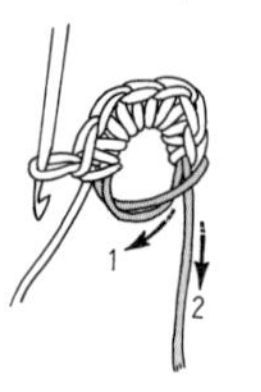

5
抽出钩针，收紧中心线圈。

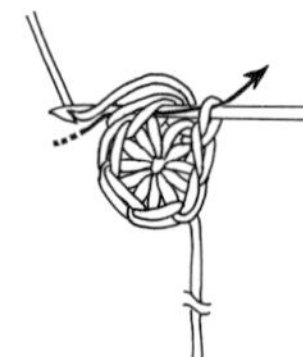

6
钩完第 1 行后，将钩针插入起针的短针顶部，针上挂线，拉出线。

从中心开始做环状钩织
（锁针作环）

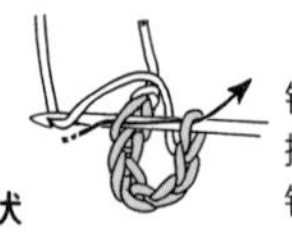

1
钩所需针数的锁针，把钩针伸进第一针锁针的半针处引拔。

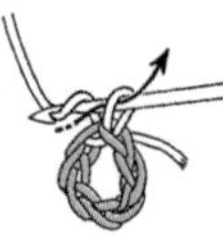

2
钩针挂线拉出，完成 1 针立起的锁针。

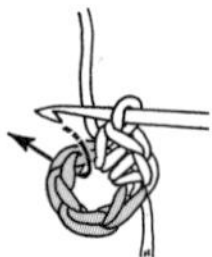

3
钩针插入锁针环，开始钩第 1 行。将锁针整束挑起，钩出所需针数的短针。

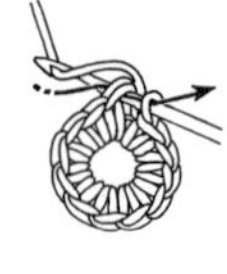

4
第 1 行收尾时，只需将钩针插入最开始的短针顶部，挂线引拔即可。

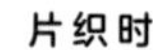

片织时

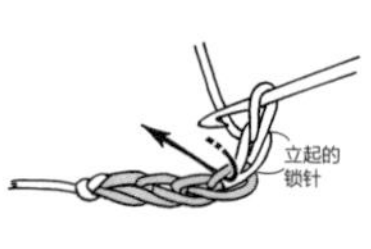

1
先钩所需针数的锁针和立起的锁针，再从第 2 针锁针插入钩针，挂线拉出。

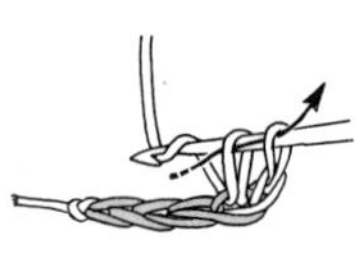

2
针头挂线，按图示箭头方向拉出。

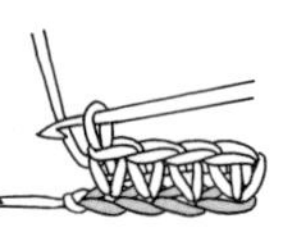

3
钩好第 1 行（立起的锁针不计为 1 针）。

锁针表示方法

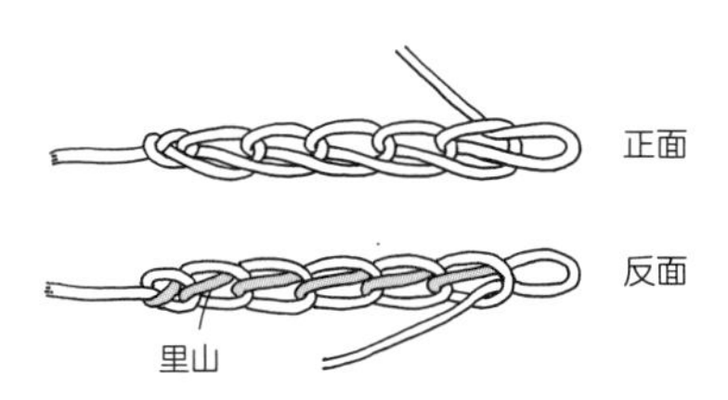

锁针分为正反两面，反面中央伸出的那根线被称为锁针的里山。

在前一行挑针的方法

在 1 个针脚中钩织

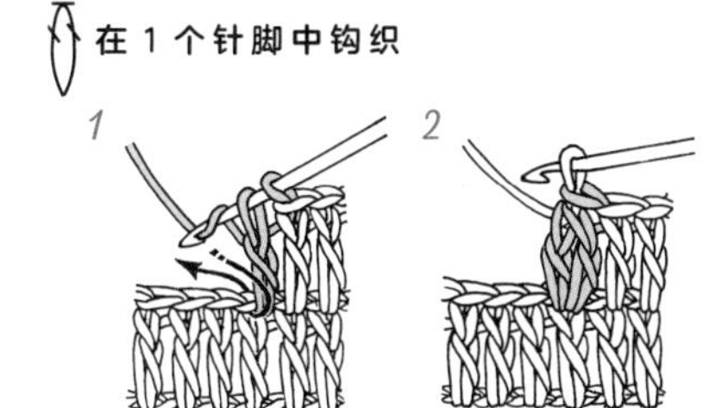

将锁针整束挑起钩织

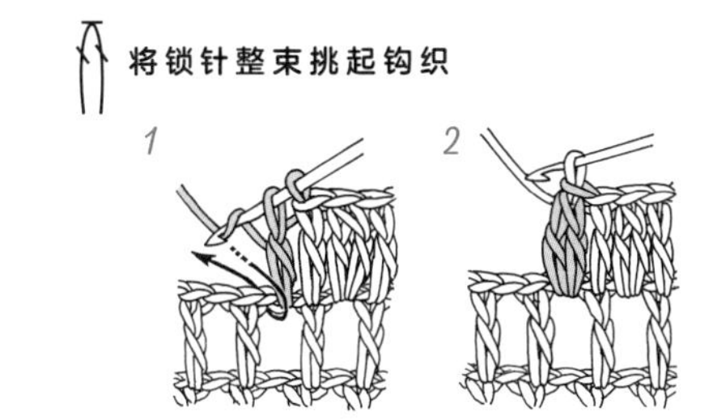

根据符号示意，枣形针的钩法需做不同处理。当符号下方呈开口状态时，需要整束挑起前一行锁针钩织。当符号下方呈封闭状态时，是在前一行针脚内挑针钩织。

钩针针法符号

锁针

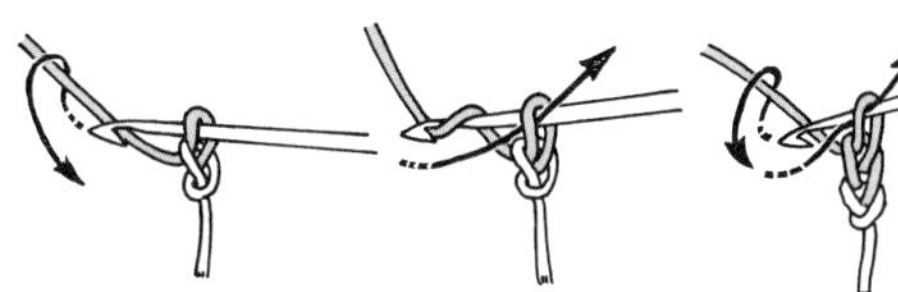

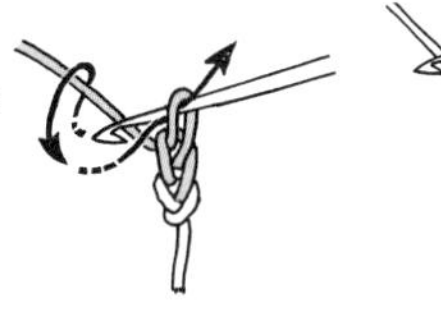

1 起针，钩针上挂线。

2 把线拉出，完成 1 针锁针。

3 重复 *1* 和 *2*，继续钩织。

4 钩好 5 针锁针。

引拔针

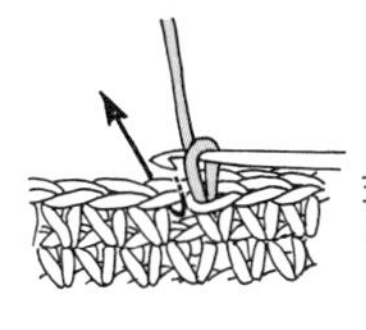

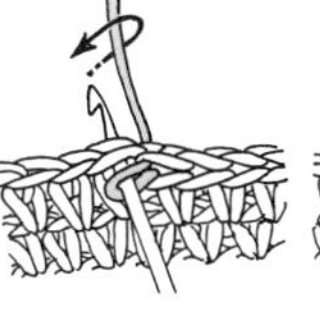

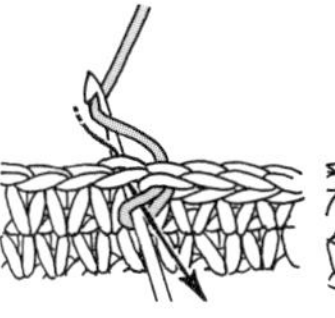

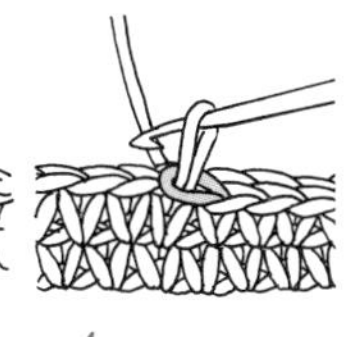

1 钩针插入前一行的针脚中。

2 钩针上挂线。

3 把线直接拉出。

4 钩好 1 针引拔针。

短针

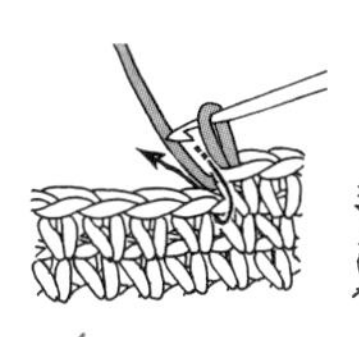

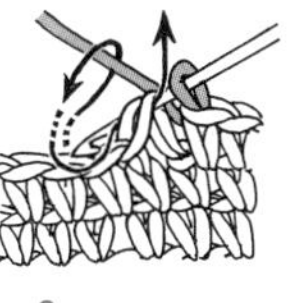

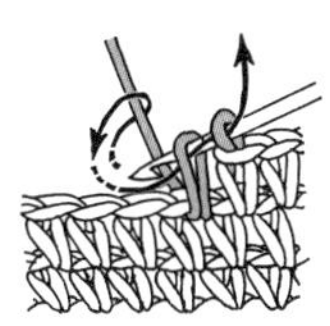

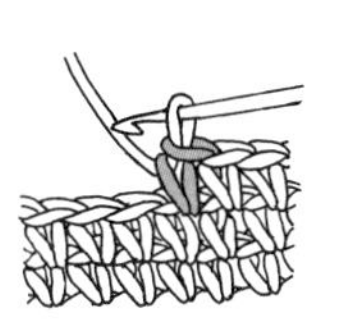

1 将钩针插入前一行的针脚中。

2 钩针上挂线，将线朝自己方向拉出（此时称为未完成的短针）。

3 再次挂线，将 2 个线圈一起引拔。

4 钩好 1 针短针。

中长针

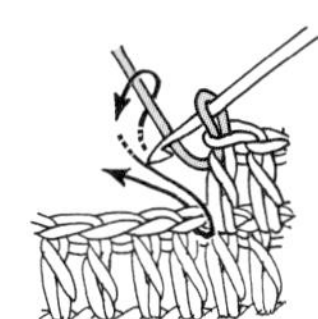

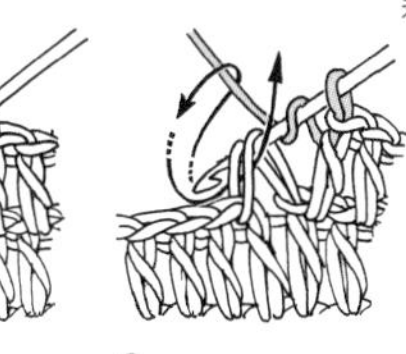

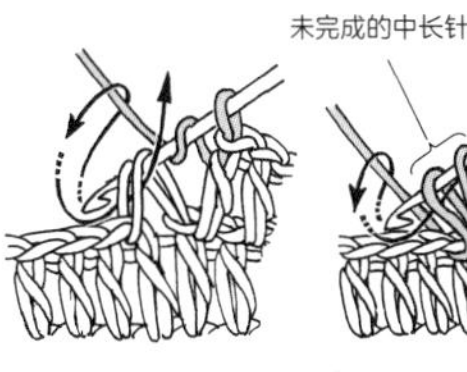

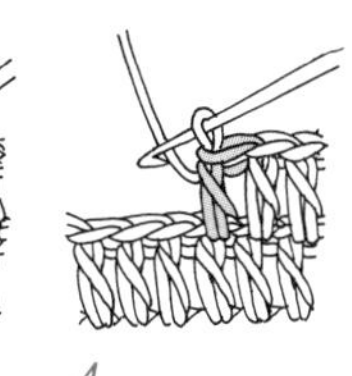

1 钩针上挂线，将钩针插入前一行的针脚中。

2 再次挂线，将线朝自己的方向拉出（此时称为未完成的中长针）。

3 继续在针上挂线，将 3 个线圈一起引拔。

4 钩好 1 针中长针。

长针

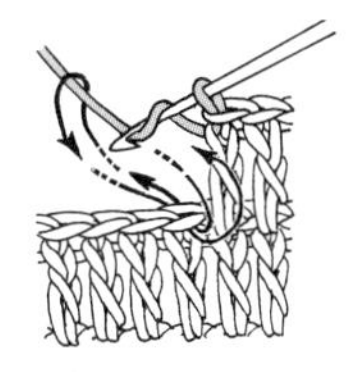

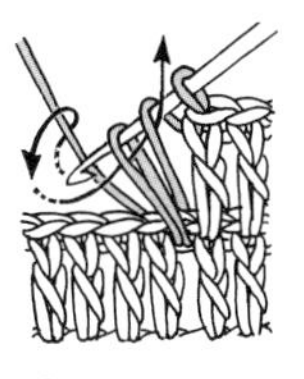

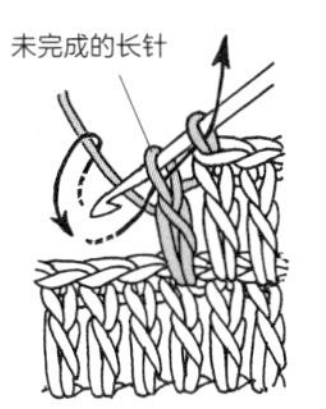

1 钩针上挂线，将钩针插入前一行的针脚中。然后再次挂线，将线朝自己的方向拉出。

2 按图示箭头在针上挂线，将 2 个线圈一起引拔（此时称为未完成的长针）。

3 针上再次挂线，将剩下 2 个线圈引拔。

4 钩好 1 针长针。

长长针　三卷长针

※（　）为三卷长针的钩法

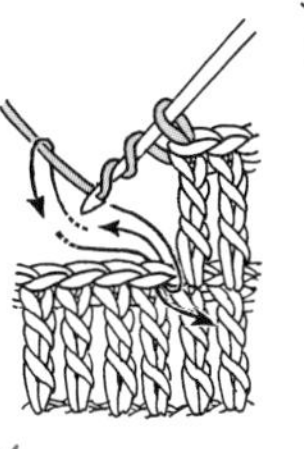

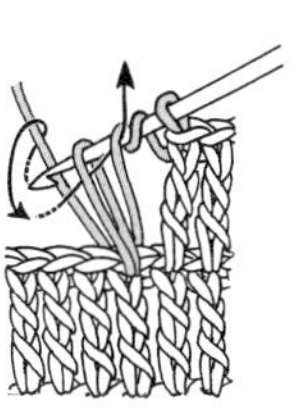

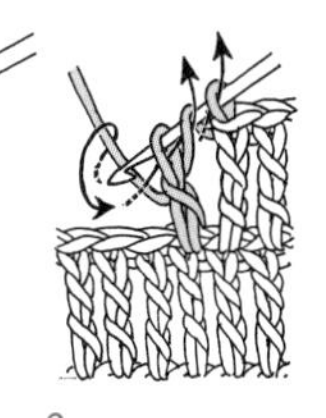

1 钩针上挂 2 圈（3 圈）线，将钩针插入前一行的针脚中。再次挂线，将线朝自己的方向拉出。

2 按图示箭头在针上挂线，将 2 个线圈一起引拔。

3 重复2次（3次）步骤2。
※完成第1（2）次时称为未完成的长长针（三卷长针）。

4 钩好 1 针长长针（三卷长针）。

短针 1 针分 2 针　　短针 1 针分 3 针

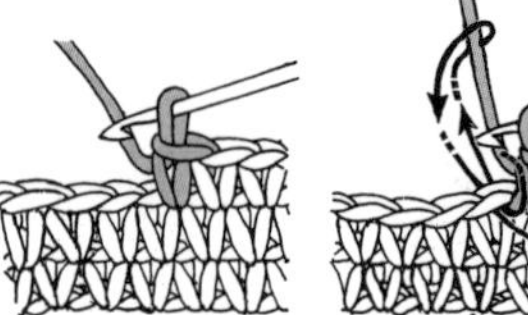

1
钩 1 针短针。

2
在同一针脚里入针，拉出线后继续钩短针。

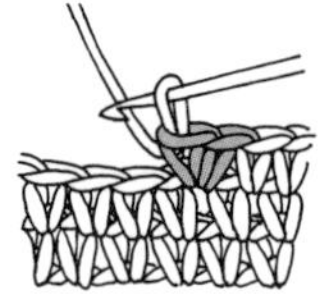

3
完成短针 1 针分 2 针。在同一针中再钩 1 针短针。

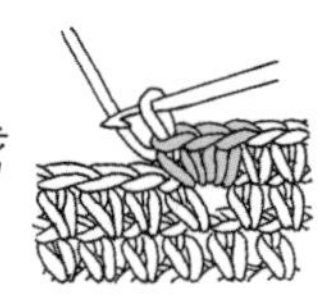

4
再钩 1 针短针，一共 3 针，比前一行多 2 针。

长针 1 针分 2 针

※ 如果需要分成其他针数，也按相同方法操作即可。

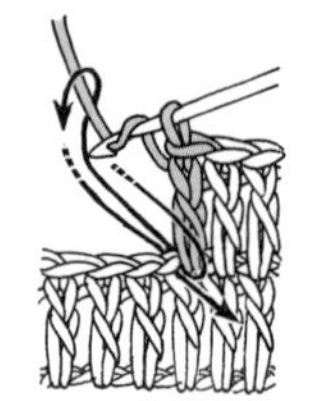

1
先钩 1 针长针，在同一针里再钩 1 针长针。

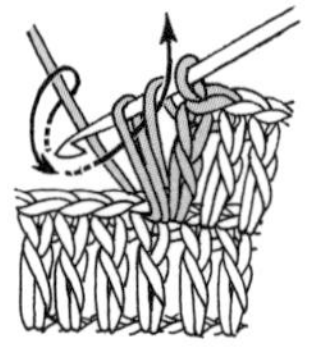

2
在针上挂线，将线从 2 个线圈引拔拉出。

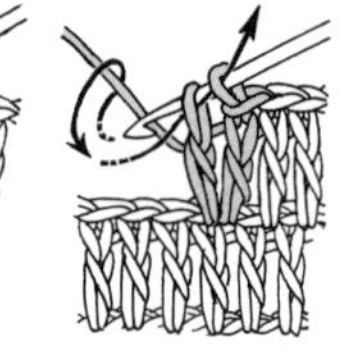

3
再次挂线，将线从剩余的 2 个线圈引拔拉出。

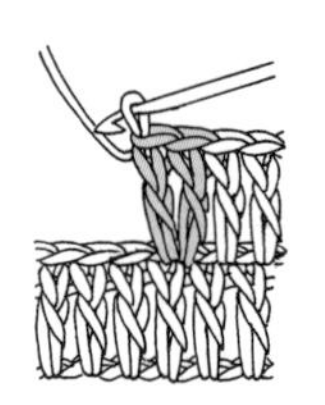

4
在同一针上钩好 2 针长针。比前一行多 1 针。

锁针 3 针的狗牙拉针

※ 如果不是 3 针，只需改变步骤 *1* 的锁针针数即可。

1
钩3针锁针。

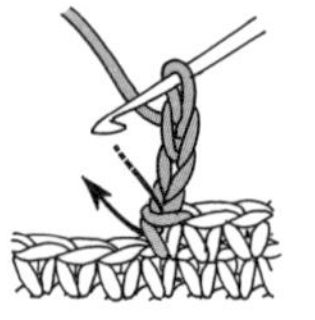

2
挑起短针顶部半针和底部 1 根线。

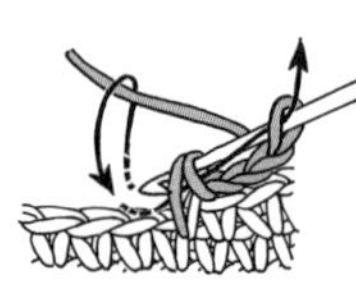

3
在针上挂线，按图示箭头引拔。

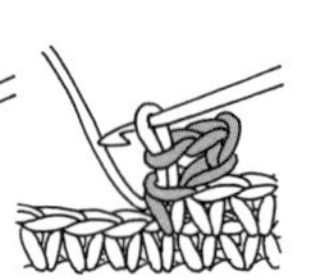

4
锁针 3 针的狗牙拉针完成。

长针 5 针的爆米花针

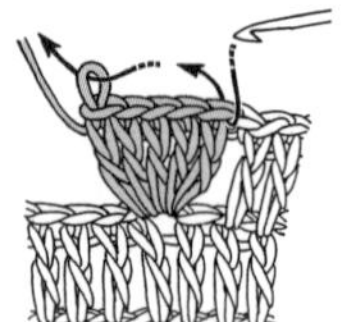

1
在前一行的同一针里，钩 5 针长针。把针退出后，再按图示箭头重新入针。

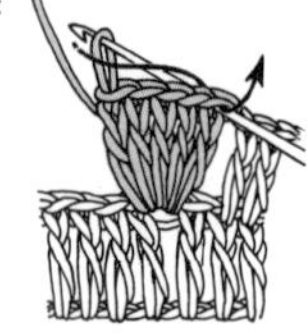

2
将线圈引拔。

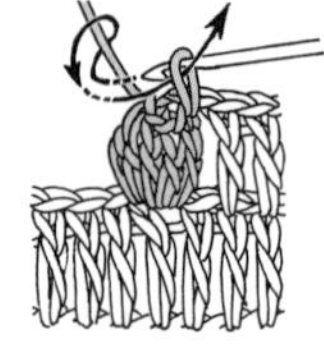

3
钩 1 针锁针，收紧。

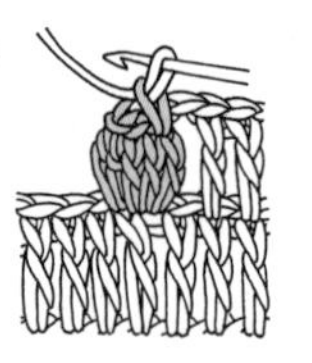

4
长针 5 针的爆米花针完成。

短针 2 针并 1 针

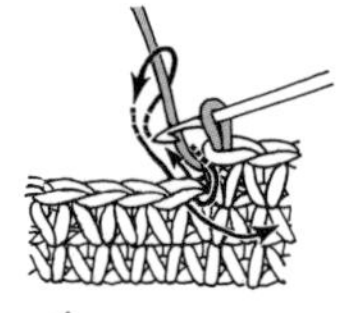

1
按图示箭头，将钩针插入到前一行的针脚中，将线拉出。

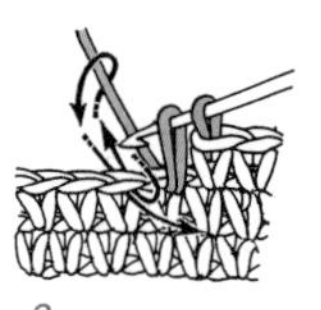

2
下一针也以同样的方式将线拉出。

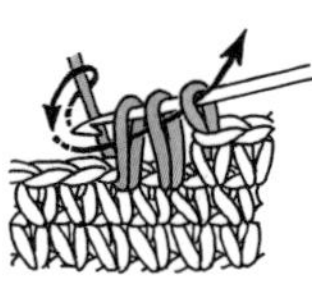

3
再次挂线，按图示箭头将 3 个线圈一起引拔。

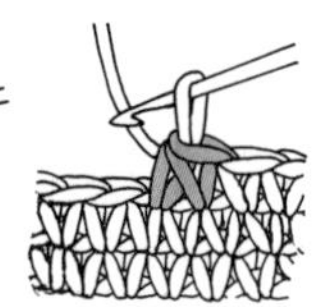

4
短针 2 针并 1 针完成。比前一行少 1 针。

长针 2 针并 1 针

※2 针以外的针数，只需改变未完成的长针的针数即可。

1
在前一行的针脚中钩 1 针未完成的长针。再按图示箭头钩下一针，将线拉出。

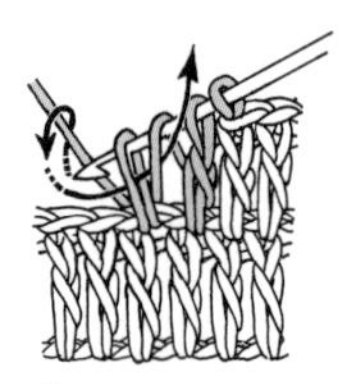

2
在针上挂线，将线从 2 个线圈引拔拉出，钩第 2 针未完成的长针。

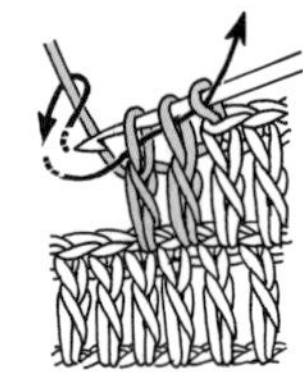

3
再次在针上挂线，按图示箭头，将 3 个线圈一起做引拔。

4
长针 2 针并 1 针完成。比前一行少 1 针。

长针 3 针的枣形针

※3 针以外的针数，只需改变未完成的长针的针数即可。在针上挂线后，将线圈一起做引拔。

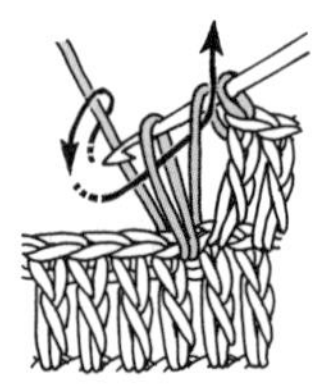

1
在前一行的针脚中入针，在针上挂线，钩 1 针未完成的长针。

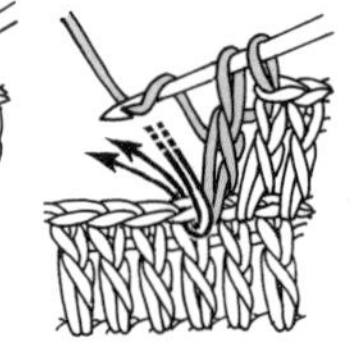

2
在同一针脚入针，继续钩 2 针未完成的长针。

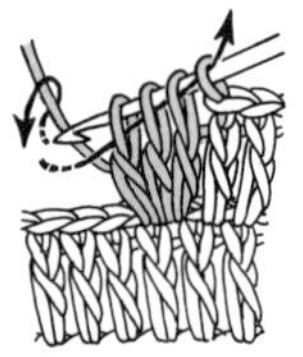

3
继续在针上挂线，按图示箭头，4 个线圈一起做引拔。

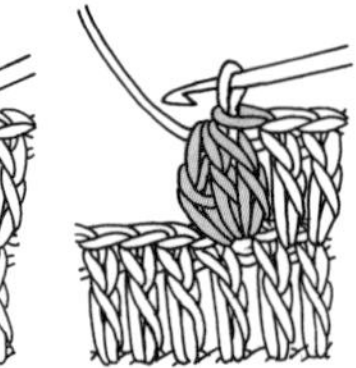

4
长针 3 针的枣形针完成。

中长针 3 针的变形枣形针　　中长针 4 针的变形枣形针

※(　)是 4 针的钩法

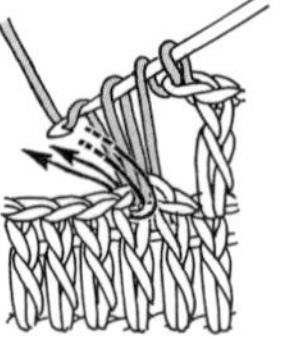

1
在前一行针脚中入针，钩 3 针（4 针）未完成的中长针。

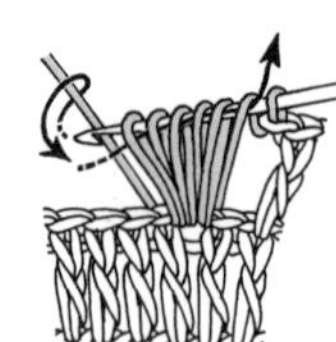

2
在针上挂线，按图示箭头引拔 6 个（8 个）线圈。

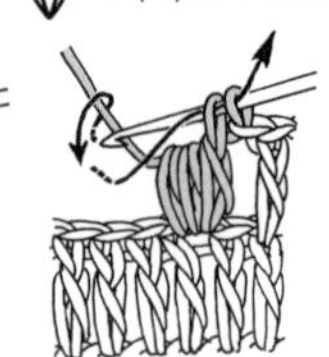

3
再次在针上挂线，将剩余针脚一起做引拔。

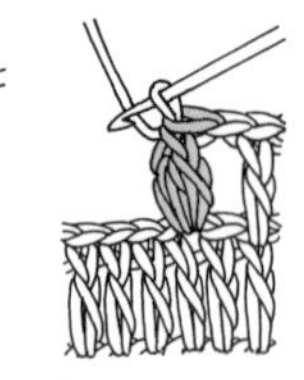

4
中长针 3 针的变形枣形针完成。

短针的条纹针

※ 短针以外的针法，只需挑前一行外侧半针按所需针法钩织即可。

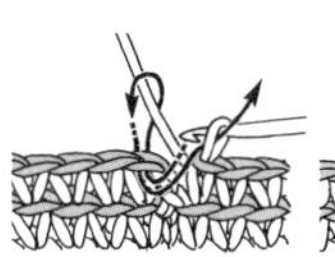
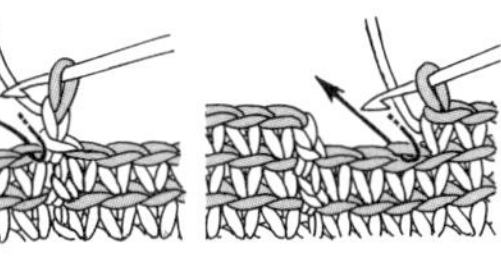
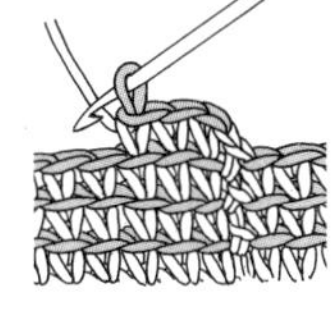

1 每行都在正面钩织。钩完1圈后在最开始的针上做引拔。

2 钩1针锁针作为起立针，挑前一行针脚的外侧半针钩短针。

3 重复步骤2，继续钩短针。

4 前一行内侧半针呈条纹状。上图为钩织了3圈短针的条纹针后的状态。

外钩长针

※ 长针以外的针法，只需改变步骤1的针法即可。

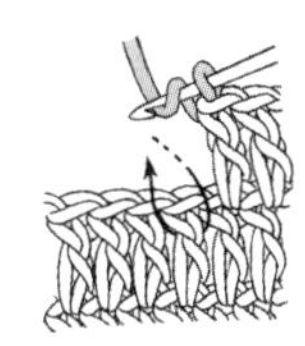
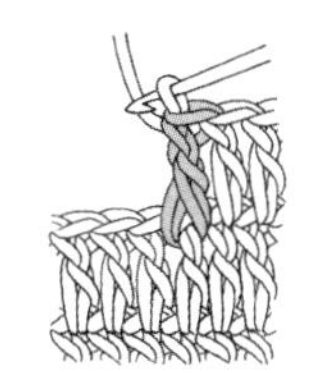

1 在针上挂线，将钩针插入前一行长针的针脚。

2 在针上挂线，将针拉长后拉出。

3 再次在针上挂线，同时引拔2个线圈，然后再重复1次。

4 外钩长针完成。

卷针缝合

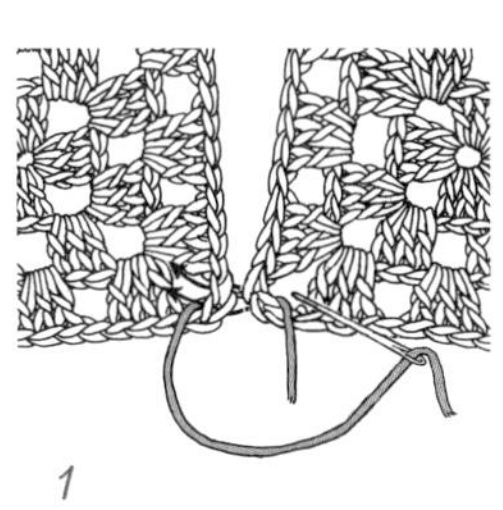
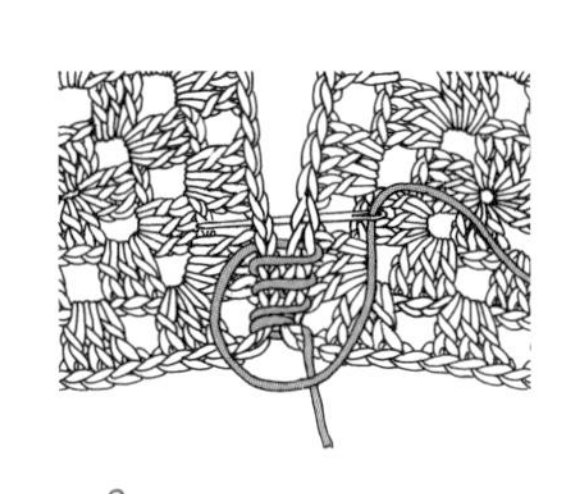
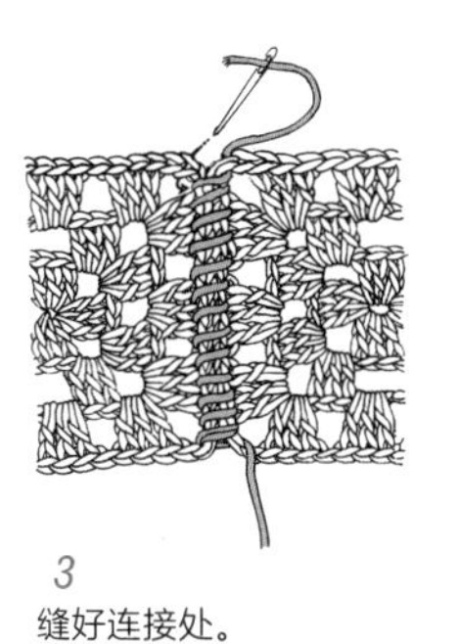

1 将织片正面朝上对齐，从一端入针。2根缝线裹好端针针脚拉出，缝合起针处和收尾处分别裹2次。

2 一针一针地缝合。

3 缝好连接处。

半针缝合方法

将织片正面朝上对齐，从一端入针，在外侧半针上做卷缝。

其他基础索引

刺绣基础

锁链绣

3出 1出 2入

直线绣

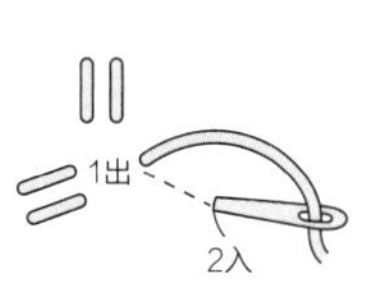

回针绣

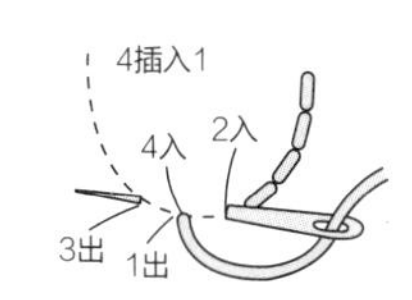

缎绣

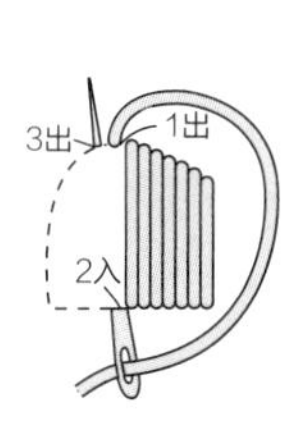

法式结

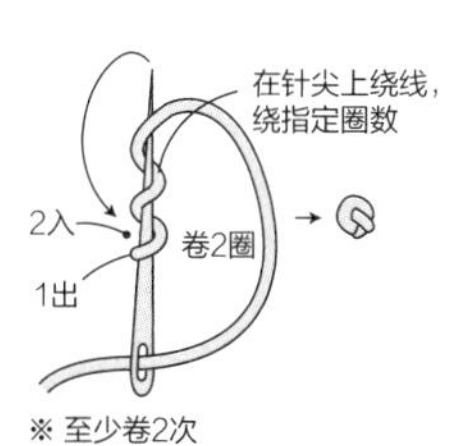

菊叶绣

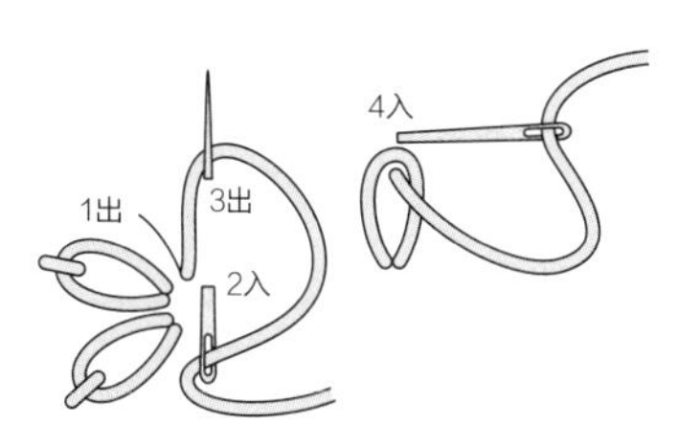

卷线绣

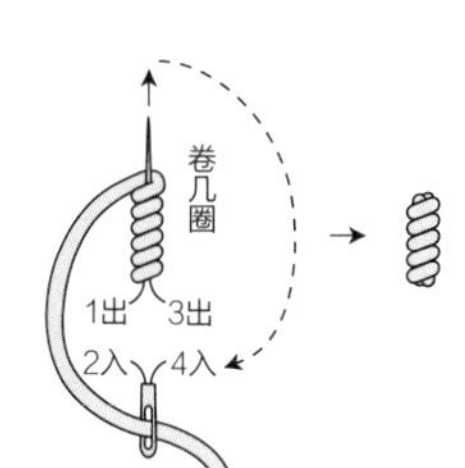

模特身高

斯克里帕·堇
身高100cm

提姆·蒂·温特
身高108cm

藤原由梨亚
身高112cm

★材料提供

［奥林巴斯制线股份有限公司］ 电话 052-931-6679
邮编 461-0018　名古屋市东区主税町 4-92

［和麻纳卡股份有限公司］ 电话 075-463-5151
邮编 616-8585　京都市右京区花园籔下町 2 番地 3 号

［横田股份有限公司·达摩］ 电话 06-6251-2183
邮编 541-0058　大阪市中央区南久宝寺町 2-5-14

原文书名：こどもが喜ぶ！キッズバッグ24+8
原作者名：E&G CREATES

著作权合同登记号：图字：01-2020-2722

图书在版编目（CIP）数据

超可爱的萌系钩针包 / 日本E&G创意著；王静爽译
. -- 北京：中国纺织出版社有限公司，2021.4
ISBN 978-7-5180-7991-9

Ⅰ. ①超… Ⅱ. ①日… ②王… Ⅲ. ①包袋－钩针－编织 Ⅳ. ①TS935.521

中国版本图书馆CIP数据核字（2020）第200527号

责任编辑：刘　婧　　责任校对：寇晨晨
责任印制：储志伟

中国纺织出版社有限公司出版发行
地址：北京市朝阳区百子湾东里A407号楼　邮政编码：100124
销售电话：010—67004422　传真：010—87155801
http://www.c-textilep.com
中国纺织出版社天猫旗舰店
官方微博http://weibo.com/2119887771
北京华联印刷有限公司印刷　各地新华书店经销
2021年4月第1版第1次印刷
开本：889×1194　1/16　印张：5
字数：100千字　定价：49.80元

凡购本书，如有缺页、倒页、脱页，由本社图书营销中心调换